VW BULLI

DAS BESTE VON SAMBA, CALIFORNIA UND CO.

oachim M. Köstnick / Georg Otto

Motor
buch
Verlag

IMPRESSUM

Einbandgestaltung: Luis dos Santos unter Verwendung von Fotos aus den Archiven der Volkswagen AG.

Alle Bilder, sofern nicht gesondert gekennzeichnet, stammen aus dem Archiv der Volkswagen AG, der Volkswagen Nutzfahrzeuge VWN und sonstiger Hersteller. Im Kapitel »Bus-Szene« stammen die Fotos von: Sven Zimmermann (S. 176-183, 192-197, 216-223), Alexander Kogler (S. 184-185), Jochen Schlebes (S.186), Lars Hardacker (S. 187), Marc Hänel (S. 188-189), Stefan Bau (S. 190-191), Henning Strunz (S. 198-199), Robert Smuda (S.200), Timo Petry & Daniel Schon (S. 201), André Strempel (S. 202-203), Paul Detring (S. 204-205), Maximilian Möller (S. 206-207), Jochen Dürr (S. 208-209, 214-215), Willy Kalb (S.208), Jürgen Egger (S. 210-211), Oliver Frese (S. 212), Thomas Görlitz (S. 213).

ISBN 978-3-613-04580-4

1. Auflage 2023

Sie finden uns im Internet unter **WWW.MOTORBUCH-VERLAG.DE**

Lektorat: Georg Otto
Innengestaltung: Luis dos Santos, Sven Rauert
Druck und Bindung: Graspo CZ, Zlin
Printed in Czech Republic

INHALT

VORWORT

ES KANN NUR EINEN GEBEN

In den Siebzigern gab es die Aktion des Speditionsgewerbes »Lieber mit dem Brummi leben«. Mit fröhlichen Aufklebern wurde versucht, mehr gegenseitiges Verständnis unter den Verkehrsteilnehmern zu wecken. Eigentlich passt dieses Motto, leicht abgewandelt, auch auf den VW Transporter: Er ist ein Freund in allen Lebenslagen, das Traumauto für viele Familien und Menschen mit erhöhtem Transportbedarf. »Lieber mit dem Bulli leben«, lautet die Devise der inzwischen über zwölf Millionen Transporter-Kunden, die sich genau für diesen Way of Drive entschieden haben. Ob als Bus, Multivan oder California, als Transporter, Doppelkabiner oder Pritschen-Laster: Die Entscheidung für einen Bulli ist eine bewusste – spätestens wenn er, weil steuerrechtlich abgeschrieben, von Firmen und Kommunen abgegeben wird. Denn oft beginnt dann für die Veteranen von Bau und Behörden ein neues Leben in Privathand und als Familienfreund. Das gleichbleibend hohe und eher steigende Gebrauchtpreisniveau zeigt: Nie war er beliebter als heute. Und kultiger.

Volkswagens Nutzfahrzeugsparte VWN hat den Kult-Status übrigens relativ spät erkannt und sich erst 2007 den Begriff »Bulli« schützen lassen und im Oktober jenes Jahres ein erstes Bus-Treffen veranstaltet – mit unerwartetem Erfolg: Mehr als 90.000 Besucher pilgerten zur Geburtsstätte des genialen Alleskönners. Seit dieser Zeit ist die Traditionspflege Teil der Nutzfahrzeugstrategie von VWN, 2008 beteiligten sich die Nutzfahrzeugbauer aus Hannover erstmals an der Oldtimermesse Techno Classica in Essen. Die Marke hat inzwischen eine Flotte aus rund 30 historischen Bullis zusammengestellt, die an Ausstellungen und Oldtimer-Rallyes teilnehmen sowie bei Händler-Aktionen eingesetzt werden – kein anderer Nutzfahrzeughersteller ist in Sachen historischer Öffentlichkeitsarbeit so aktiv wie VWN.
Wenn ein Auto so beliebt ist, hat es natürlich auch ganz besondere Fans und -freunde. Und die Szene um den »Bulli« ist bunt, einzigartig und weltweit vernetzt. Es gibt Bulli-Treffen rund um den Globus, das Bus-Festival in Hannover und die Bulli-Tage in Fehmarn, die OCTO (Orange County Transporter Organization) im kalifornischen

Long Beach und das »Buses by the Bridge« in Arizona, das größte seiner Art in den USA, das Busfest im britischen Malvern oder das California-Festival in Lacanau an der französischen Atlantikküste – wer einen Bulli hat, ist nie allein.

Wenn so viele Menschen sich für etwas begeistern, ist ein Buch nicht weit. Tatsächlich gehört der Transporter zu den weltweit am besten dokumentierten Fahrzeugen der Automobilgeschichte. Für uns als Team – mit Joachim Kuch und Georg Otto dieses Mal besonders hochkarätig besetzt – stellte sich die daher Frage: Wie nähert man sich einem Mythos? »Normale« Typengeschichten gibt's gleich dutzendfach, und wenn wir in unserer Reihe eines nicht sein wollen, dann ist es »normal«. Daher haben wir uns für einen besonderen Ansatz entschieden, um die ganze Vielfalt der Transporter-Welt in zwei Buchdeckel zu pressen: Wir wollten den Spagat schaffen zwischen Typengeschichte und Fahrzeugszene, zwischen Technikgeschichte und Vanlife. Daher müssen wir an der Stelle all diejenigen enttäuschen, die hofften, mit diesem Buch auch die kleinsten Verästelungen der Modell- und Firmengeschichte nachvollziehen zu können oder ein lückenloses Verzeichnis aller Firmen erwarteten, die jemals Reisemobile auf VW-Basis angeboten haben. Es finden sich hier keine Kaufberatungen, keine Datentabellen und auch keine Reparaturhinweise. Aber aussagestarke Texte, hervorragende Bilder und viele schöne Lesegeschichten von, mit und über Bulli-Fahrer und deren Familien. Leidenschaft und Herzblut, Leidensfähigkeit und Hingabe – der einzig wahre Transporter verlangt viel, gibt aber noch mehr: Freude, Faszination und Emotion. Und auch wer sich immer gefragt hat, wie es dazu kommen konnte, dass ein simpler Transporter zu einer Ikone wurde und zu einem generationen- und klassenübergreifenden Traumwagen, der liest hier gerade richtig.
In diesem Sinne: Lieber mit dem Bulli leben. Wir sehen uns bei einem der großen Treffen. Oder auf dem Campingplatz.

JOACHIM M. KÖSTNICK

Der VW ist ein sympathisches klassenloses Automobil, heiß begehrt und doch oft unterschätzt. Wer einen hat, trennt sich nur schwer wieder von ihm. Kein Wunder also, dass es unzählige Bulli-Treffen in Deutschland, Europa und der ganzen Welt gibt.

DAS KLEINE BUS-EINMALEINS

DIE TRANSPORTER MIT HECKMOTOR

Der Transporter war die zweite Neukonstruktion des Volkswagenwerkes nach dem Volkswagen »Typ 1«, dem Käfer. Letzte Bezeichnung kam erst viel später auf. Offiziell hieß der Bucklige stets, niedersächsisch-nüchtern, VW 1100, 1200 uns so weiter. Dieser Logik folgend, erhielt der Transporter die Bezeichnung »Typ 2«. Von diesem Typ 2 gab es, genau genommen, in den vergangenen 75 Jahren inzwischen sechs verschiedene Generation, die der Einfachheit halber generationsweise durchnummeriert wurden, beginnend mit dem T1, wobei das »T« hier für »Transporter« steht und für alle Fahrzeuge auf dieser Basis galt, auch für die zur Personenbeförderung gedachten Busse. Innerhalb der jeweiligen Transporter-Generation gab es diverse Modellpflegemaßnahmen. Zur besseren Unterscheidung hat es sich zumindest bei der zweiten Generation eingebürgert, diese optisch unterscheidbaren Varianten mit Zusatzbuchstaben zu versehen, also T2a, T2a/b und T2b.
VW-Spezialisten haben noch weitere, ganz spezielle Bezeichnungen gefunden. So sind T1-Modelle der ersten Generation bis Februar 1955 in Insiderkreisen wegen ihrer großen Motorklappe auch als »Barndoor« bekannt, die T2-Modelle (1967 bis 1979) als »Baywindow« (wegen ihrer durchgehenen Panorama-Frontscheibe ohne Mittelsteg) oder die flüssigkeitsgekühlten Boxermotoren im Heck der T3-Modelle als »Wasserboxer«.
Der nur beim T1 zu findende »Samba«-Bus hieß ab Werk eigentlich »Achtsitzer Sondermodell«, der Bus der Generation T2 hätte »Clipper« heißen sollen, war aber dann doch nur der »Achtsitzer L«, und die letzte Luxus-Ausführung des T2b erhielt den Spitznamen »Silberfisch«.

Erstlack und Gesamtzustand des T1 von 1966 überzeugten beim Fest in Hannover 2023: Claus Missing (rechts) bei der Preisübergabe.

Niels Wiemann sicherte sich beim Busfest 2023 mit seinem unrestaurierten T2b Behelfskrankenwagen Rang 1 der Kategorie »Originalster T2 Bulli«.

T3 im Original-Zustand: Christian Puls (ganz links) gewann mit ihm beim Busfest die Rubrik »Originalster T3 Bulli«. Der Transporter stammt aus dem Baujahr 1979.

Den Preis für die »schönste Liebesgeschichte« erhielt der Engländer Chris Redford mit seinem frühen T4 .

Box-Ikone Axel Schulz und Transporter-Ikone T5. Diese Werbeaufnahme entstand aber nicht beim Bus Festval, sondern bei der Premiere des Multivan PanAmericana 2006.

Der T6 als klassische Doppelkabine von Holger Habighorst überzeugte die Jury beim VW Bus Festival 2023 im Wettbewerb »Show & Shine« in der Kategorie »Skurrilster Umbau«.

DIE TRANSPORTER MIT FRONTMOTOR

Mit der Umstellung auf den Frontmotor und -antrieb im August 1990 begann eine neue Zeitrechnung. Die Transporter-Vorgeschichte als »Typ 2« spielte keine Rolle mehr. Wohl wird heute, um eine ungebrochene Traditionslinie zu signalisieren, die T-Bezeichnung fortgeführt. Der erste Frontmotor-Transporter war daher ein T4. Innerhalb dieser Generation ist das Jahr 1996 von besonderer Bedeutung, denn bei der Modellpflege erhielten die nicht für den gewerblichen Bereich gedachten Busse – die Großraum-Pkw »Caravelle«, »Multivan« und »California« – das sogenannte »Happy Face«, einen längeren Vorderwagen mit einer neuen Grillgestaltung im Stil des damaligen Passat. Bis zur Ablösung 2003 ergab sich die optisch klare Abgrenzung zwischen Transportern und Bussen. In der Folgegeneration T5 waren Transporter wie Busse wieder identisch. Die Pkw-Reihen hatten aber in Wagenfarbe lackierte Stoßfänger. Das Facelift für 2010 brachte eine neue Front, daher wird diese Generation auch als T5.1 bezeichnet. Der Modellwechsel 2015 führte zum T6, wobei es sich im Grund genommen um einen T5.2 handelte. Eine weitere Überarbeitung brachte 2019 den T6.1 – die erste T-Bezeichnung, die VW auch offiziell pflegte. Die Ablösung durch den komplett neuen T7 (der nach VW-Lesart gar nicht so heißen soll, um den Neuanfang zu signalisieren) begann 2021 durch den Multivan, der auf der Pkw-Plattform MQB basiert.

Prinzipiell wird ein Fahrzeug immer nach seinem Modelljahr bezeichnet, dass bei VW traditionell nach den Werksferien im Sommer beginnt. Das Modelljahr 1968 begann also im August 1967 und endete im Juli 1968.

DER VW BUS T1

1950 - 1967

Die ersten Pläne, einen Volkswagen zum Lieferwagen oder auch Transporter umzubauen, existierten bei Professor Porsche bereits in den 30er Jahren, doch erst die Engländer verwirklichten ihn – allerdings erst nachdem 1946 die dort liegende schwere Pioniereinheit aus Wolfsburg abgezogen wurde und nunmehr keine Transportmöglichkeiten mehr im innerbetrieblichen Werksverkehr bestanden. Major Hirst ließ daraufhin den Plattenwagen bauen, den, wenn man so will, Vorläufer des VW T1.

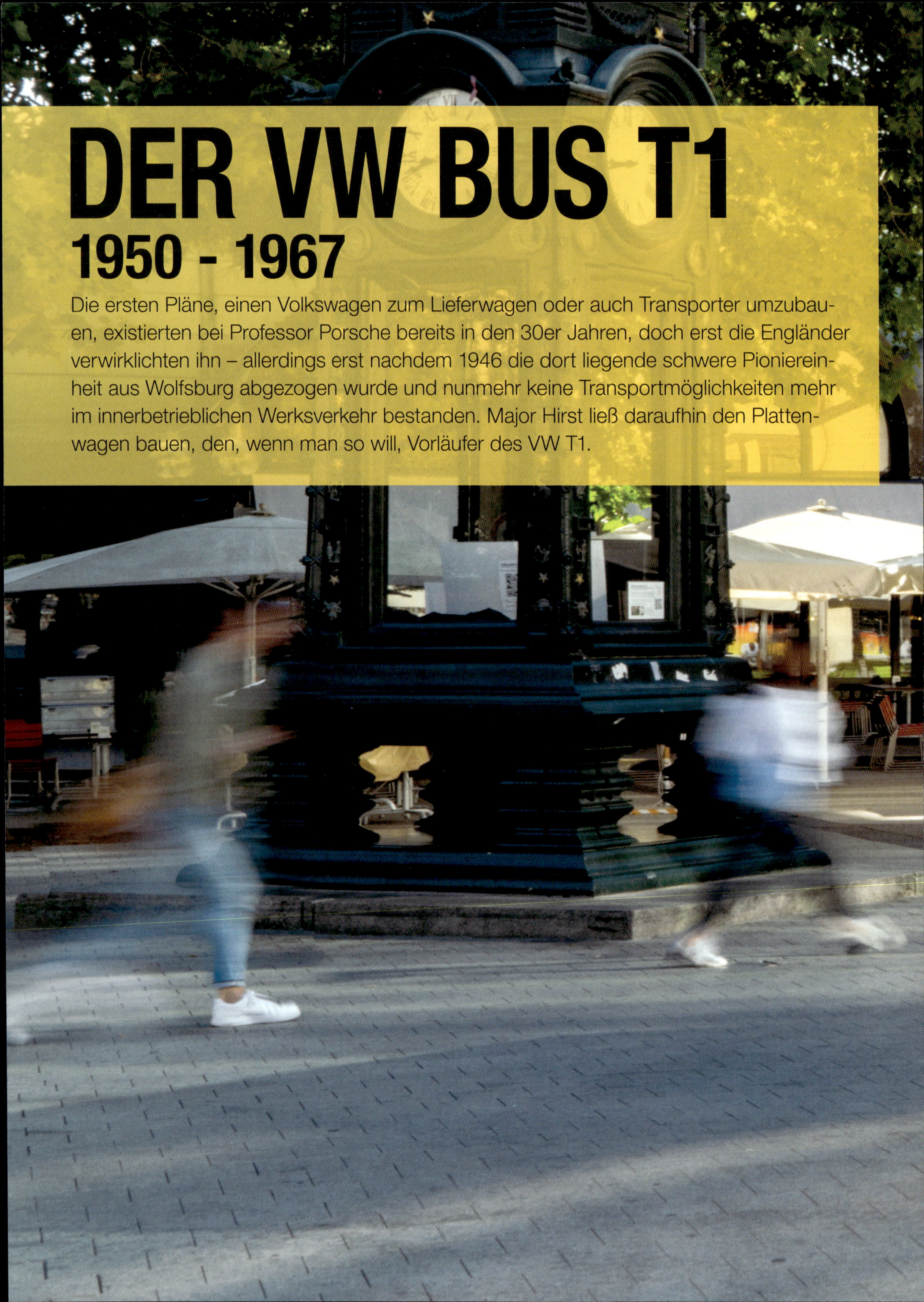

T1 - 1950
VOLKSWAGEN-NUTZFAHRZEUGE-OLDTIMER.DE

Eigentlich war der Plattenwagen nur für den Transport innerhalb des VW-Werks entwickelt worden. Das Vehikel verfügte über einen Leiterrahmen mit Käfer-Achsen und einem offenen Führerstand über dem Boxermotor. Der letzte dieser simplen und robusten Lastenträger wurde erst 1994 ausgemustert. Im Laufe der Jahrzehnte erstarkte dessen Motor auf 48 PS, der Führerstand wurde überdacht und mit modernen, kopfstützenbewehrten Sitzen versehen. Im Prinzip handelte es sich jedoch immer noch um jenes Ding, das den späteren niederländischen Volkswagen-Generalimporteur Ben Pon dazu animierte, in seinem Heimatland um eine Straßenzulassung für diesen einfachen Lastenträger zu ersuchen. Als diese nicht erteilt wurde, unter anderem, weil die Ladung vor dem Fahrer platziert war, kritzelte er mit einigen schnellen Strichen jene Skizze in sein Notizbuch, die schlussendlich zum Transporter führte. Sein Entwurf sah einen Transporter vor, der 750 Kilogramm schleppen können und einen kastenförmigen Aufbau, Heckmotor und Frontlenker-Konstruktion haben sollte.

Vom Plattenwagen zum Transporter

Im Herbst 1948 erhielt der VW-Entwicklungschef Alfred Haefner schließlich grünes Licht, während einer gemeinsamen Autofahrt hatte auch Heinrich Nordhoff schließlich zugestimmt. Bereits Mitte November forderte Haesner zusätzliche Mitarbeiter an. Zu diesem Zeitpunkt existierten vom VW mit der Projektnummer »Typ 29« erste Zeichnungen und Pläne, am 20. November 1948 sah sie Heinrich Nordhoff zum ersten Mal. Die Variante A hatte ein Fahrerhaus aus glatten Blechflächen, bei der Version B war die Front leicht geneigt und durch Rundungen strömungsgünstiger. Nordhoff gab die Version B in Auftrag. Parallel zum Bau des Ansichtsmodells wurden bereits einzelne Fahrwerksteile, insbesondere Stoßdämpfer und Federstäbe, getestet.

Die Prototypenerprobung – der erste Wagen war am 11. März fertiggeworden – nahm zunächst am 5. April ein abruptes Ende, denn das verwendete Käfer-Chassis war den wesentlich höheren Beanspruchungen nicht gewachsen. Die Männer um Alfred Haesner begannen mit der Konstruktion einer selbsttragenden Karosserie, die verwindungssteifer und auch leichter sein sollte. Prototyp Nummer zwei hatte, abgesehen vom Motor, mit dem Käfer nicht mehr viel gemein. Die Fahrerprobung auf einer der übelsten Schlaglochpisten, die Nieder-

Für den Neuaufbau wurden zahlreiche alte Bauteile verwendet, was dann noch fehlte, wurde nachgefertigt.

Der 2023 rekonstruierte Pritschenwagen verfügt über einen 1,1-Liter-Motor von 1944 und leistet 24,5 PS. Die Kraftübertragung auf die Hinterachse erfolgt über ein 4-Gang-Getriebe, das zwischen 1943 und 1944 gefertigt wurde.

Wie viele Plattenwagen gebaut wurden, ist nicht genau bekannt. Einen weiteren von 1946 soll es in den USA geben.

Transporter-Vorläufer: Der Plattenwagen, entstanden nach Skizzen von Ivan Hirst auf Basis des Typ-1-Plattformrahmens. Major Hirst war Offizier und für das Werk verantwortlich, so lange es den britischen Behörden unterstand. Jeder Plattenwagen war ein Einzelstück. Dieser hier hat einen Radstand von 1900 mm und eine 1600 x 1940 mm messende Ladefläche.

Der letzte Plattenwagen wurde erst 1994 ausgemustert.

Der Plattenwagen hat einen Wendekreis von kaum sieben Metern – ideal zum Rangieren auf dem Werksgelände.

Die ersten Prototypen von 1949 basierten auf dem vom Käfer übernommenen Fahrgestell.

Um den wesentlich höheren Beanspruchungen gerecht zu werden, musste eine selbsttragende Karosserie entwickelt werden.

Vier der fünf Grundmodelle, die das Rückgrat der Transporter-Fertigung bildeten: Mit Samba, Pritsche, Bus und Transporter eroberte Volkwagen einen Marktanteil von über 30 Prozent. Nur die Doppelkabine fehlt.

Der holländische VW Importeur Ben Pon skizzierte seine Vorstellung von einem Transporter 1947.

Die Produktion des Kombis lief im Mai 1950 an. Es gab ihn wahlweise mit und ohne hintere Sitzbänke.

sachsen zu bieten hatte (vom Werk über Warmenau, Wittlingen, Hankensbüttel, Luttern und Gifhorn zurück nach Wolfsburg) überstand der neue Musterwagen ohne größere Beanstandungen. Neben der 12.000 Kilometer umfassenden Fahrerprobung hatten die VW-Versuchsleute eigentlich auch auf der Nürburgring-Nordschleife das Verhalten am Berg testen wollen, doch das unterblieb aus Zeitgründen. Am 19. Mai 1949 legte Heinrich Nordhoff den Termin für den Produktionsanlauf fest: 1. November, spätestens aber bis zum 1. Dezember 1949 musste die Serienfertigung aufgenommen werden, sodass mit Beginn des Jahres 1950 die Auslieferung beginnen konnte.

Der Bulli im Detail

Für Vortrieb sorgte der aus dem Käfer bekannten Vierzylinder-Boxermotor, entsprechend erfolgte auch die Kraftstoffversorgung über den einzelnen Solex-Fallstromvergaser mit Beschleunigerpumpe und Luftklappe. In Hubraum und Leistung gab es keine Unterschiede, 24,5 PS Leistung und 67 Newtonmeter Drehmoment mussten auch für den Transporter reichen.

Der 40 Liter fassende Benzintank, mit Dreiwegehahn mit Reserveschaltung, saß zunächst im Motorraum links oben neben dem Triebwerk, eventuell beim Tanken überlaufenden Kraftstoff fing das zwischen Tankstutzen und Maschine platzierte Abdeckblech auf. Das Getriebe entsprach von seinen Abmessungen her denen des Käfer und auch die Übersetzungsverhältnisse der vier Gänge waren identisch. Lediglich die Achsübersetzung differierte, zusätzliche bekam der Bus an beiden Hinterrädern Vorgelege, auch Reduktionsgetriebe genannt, wodurch sich die Bergsteigefähigkeit verbesserte. Das Werk gab als Dauer-Höchstgeschwindigkeit 75 km/h bei 3100/min an, bei der Vorstellung 1949 war noch von 60 km/h die Rede.

Der Transporter (Typ 2) verfügte im Gegensatz zum Typ 1, dem Käfer, über eine selbsttragende Karosserie, unterstützt durch einen Verstärkungsrahmen an der Bodengruppe. Letztere bestand aus zwei Längsträgern, verbunden durch eingeschweißte Querträger.

Die Vorderachse war vom Prinzip her eine Käfer-Erbschaft, allerdings auf die höheren Belastungen ausgelegt. Das obere Federpaket bestand aus fünf Blättern, der untere aus vier Blättern. Auch die hintere Pendelachse mit Drehstab-Federung entsprach von ihrer Bauweise her dem Pendant aus dem Käfer. Verzögert wurde über eine Simplex-

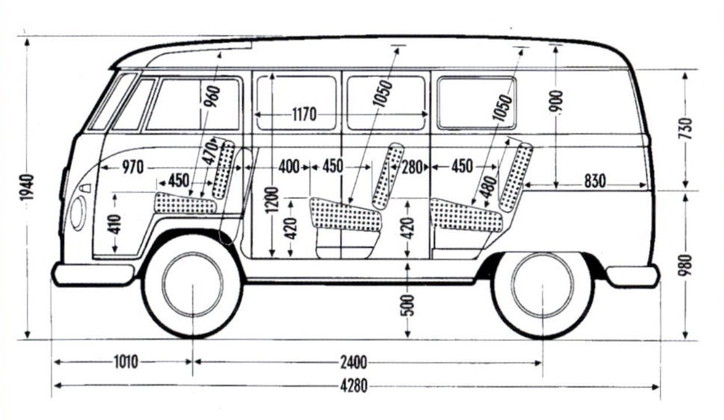

Der Bus komplettierte als Sieben-, Acht- und Neunsitzer ab Juni 1950 das Transporter-Angebot.

DER VW BUS T1

Bremsanlage mit 230 mm messenden Bremstrommeln vorn wie hinten. Die wirksame Belagfläche war allerdings deutlich größer als beim Käfer. Der Transporter rollte auf Stahlscheibenrädern mit 3,5 Zoll Breite und 16 Zoll Durchmesser, die Reifendimension: 5,50-16. Das Reserverad stand anfänglich rechts im Motorraum, lag aber ab Oktober 1950 auf besagtem Abdeckblech über dem Boxer. Entsprechend der vom Werk herausgegebenen »Technischen Informationen« handelte es sich bei dem neuen Frontlenker um ein Fahrzeug in »Flugzeugbauweise (Leichtbau)« mit »selbsttragendem, formsteifem Ganzstahl-Kastenaufbau (ohne Chassis) mit einteiligem Ganzstahldach; strömungsgünstige Form mit niedrigem Widerstandsbeiwert 0,44; Nutzlastanordnung zwischen den Achsen«.
Für die Stabilität an Fenster- und Türöffnungen sorgten Hohlprofile, die Außenwände waren durch Kastenprofile versteift. Böden und Innenwände durch Sicken versteift und durch Querträger gestützt. Die dreisitzige Bank (wahlweise zwei Einzelsitze) war über der Vorderachse auf den Radkästen platziert, zwischen denen sich ein Stauraum befand. Die zweiteilige Windschutzscheibe mit Mittelsteg war leicht geneigt, gegen Aufpreis (und eigentlich nur für den Export in heiße Länder gedacht) gab es klappbare Frontscheiben. Diese ließen sich dann bis in die Waagerechte nach außen schwenken und mit zwei Flügelmuttern arretieren. Zuvor allerdings mussten die Wischerarme abgeklappt werden. Die Blätter arretierte man dann unter den Scheibenrahmen in einem speziellen Gummihalter, im Volksmund »einäugige Ente« genannt.

Noch vor dem Käfer besaß der Transporter seitliche Schwenkfenster in den Türen, »mit Haltebremse und diebstahlsicherem Riegel mit Druckknopfauslösung«, wie es damals hieß. Beim Kastenwagen erfolgte die Belüftung des Laderaumes ab Juni '52 durch seitliche Schlitze hinten unterhalb der Regenrinne. Gegen Aufpreis gab es beim VW-Händler einen Behr-Frischluft-Regulator. Dazu musste man ein Loch mittig ins Dach über den Winschutzscheiben schneiden. Dann konnte die Hutze samt Gebläsen eingesetzt und verschraubt werden. Ab März 1955 verfügten dann alle Busse über eine Belüftung, erkennbar an dem Dachvorsprung über den Frontscheiben. Die einströmende Luft gelangte in einen Schacht, der innen am Dach zwischen Stirnwand und Laderaum befestigt war. Luftschlitze befanden sich vorn und an der Seite, sodass via Klappen die Verteilung der Frischluft erfolgte. Wahlweise erhältliche Elektrogebläse (Serie bei Krankenwagen) verstärkten den Luftdurchsatz, sorgten aber dafür, dass der Dachhimmel am Luftaustritt schnell verschmutzte. Natürlich wurde auch, wie beim Käfer, die Motor-Warmluft zur Heizung des Innenraumes herangezogen, zu betätigen über einen Drehknopf unterhalb des Fahrersitzes. Auch die 6-Volt-Elektrik entsprach der des Käfers, die Batterie leistete 75 Ah und saß rechts im Motorraum.

Kasten, Bus oder Kombi?

Die einzelnen Modelle der Transporterfamilie unterschieden sich vor allem in Fensteranordnungen und Ausstattungen: Einteiliges Dach, seitliche Flügeltüren rechts sowie eine bis zur Gürtellinie reichende Motorklappe, die wegen ihrer enormen Größe auch »Barndoor« (Scheunentor) genannt wird, hatten Kasten-, Kombi und Busmodelle

Cockpit des Transporters von 1954. Der Aufkleber auf der Scheibe ist ein Hinweis auf den seit Januar 1954 verwendeten 30-PS-Motor.

Kommandozentrale: Die Instrumentierung fiel spartanisch aus und beschränkte sich auf den Tacho samt Kilometerzähler.

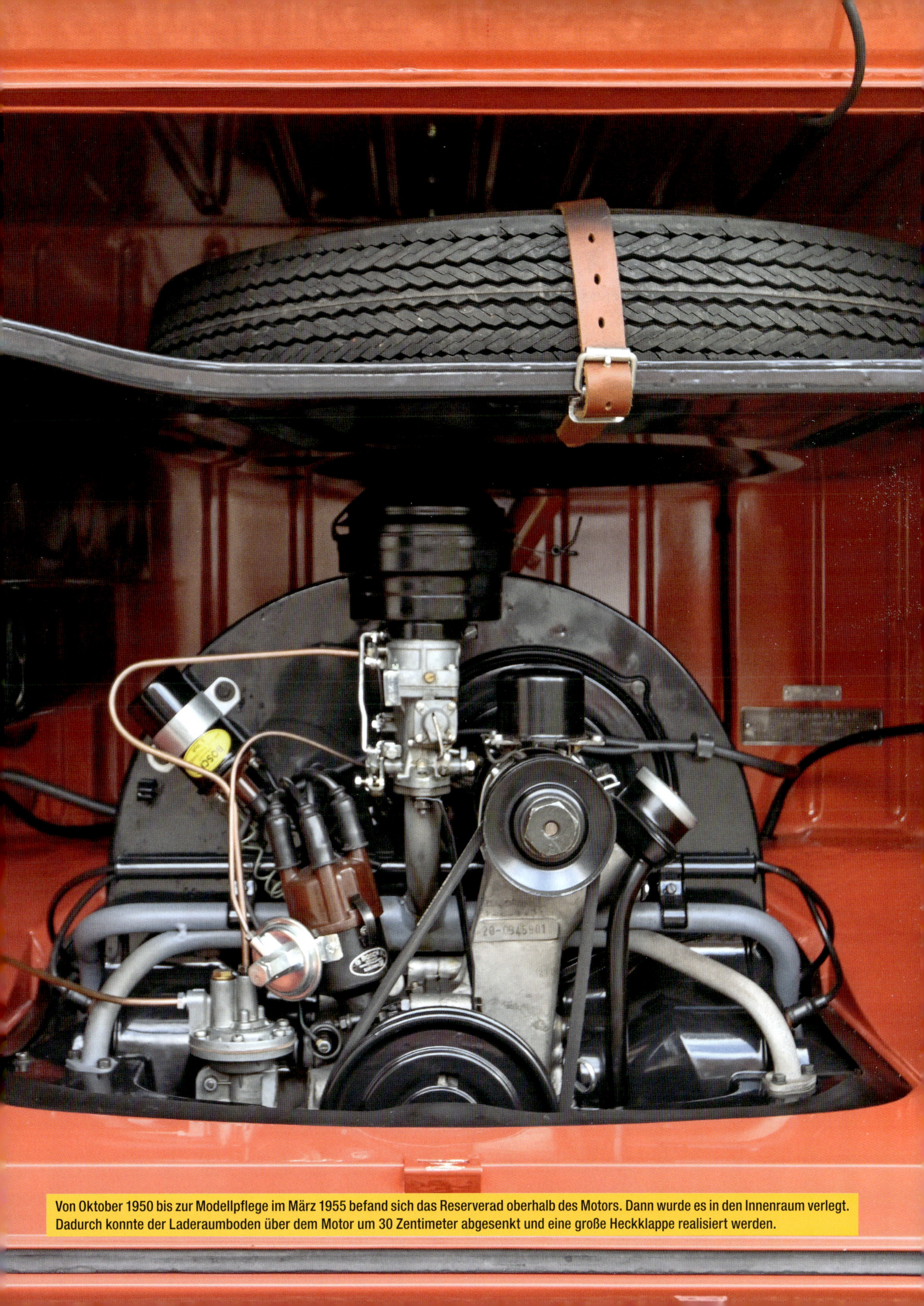

Von Oktober 1950 bis zur Modellpflege im März 1955 befand sich das Reserverad oberhalb des Motors. Dann wurde es in den Innenraum verlegt. Dadurch konnte der Laderaumboden über dem Motor um 30 Zentimeter abgesenkt und eine große Heckklappe realisiert werden.

Der VW-Transporter: M

Diese Doka von 1959 war für KAMEI unterwegs, die von Karl Meier 1952 in Wolfsburg gegründete Firma für Auto-Zubehör.

Im November 1958 ergänzte die Doppelkabine das Transporter-Programm. Das Prospektblatt ist von 1960.

Zu den diversen Kasten-, Kombi- und Busversionen gesellte sich ab September 1952 der Pritschenwagen – eine geniale Idee vor dem Hintergrund des Baubooms der Nachkriegszeit.

Mister »Bubblehead« wird‘s richten: Von VW zu PR-Zwecken 1962 aufgebautes Pannenhilfsfahrzeug.

anfänglich gleichermaßen. Über ein Heckfenster, geschweige denn eine praktische Heckklappe, verfügten die ersten Exemplare noch nicht. Die hintere Scheibe hielt im April 1951 Einzug, die Laderaumklappe am Heck erst im März 1955. Für Kastenwagen mit durchgehender Sitzbank gab es als Extra einen Aufsatz für die halbhohe Trennwand dahinter. Die Hartfaserplatte reichte bis zum Dach, für Durchblick sorgte ein kleines Fenster. Schon damals war die Liste der lieferbaren Sonderausstattungen sehr umfangreich und wurde im Laufe der der 17-jährigen Produktionszeit immer länger.
Allen Modellen gemein war die sehr nüchterne Ausstattung der Fahrerkabine. Ein Armaturenbrett im üblichen Sinne über die komplette Breite des Cockpits gab es serienmäßig nur im Sondermodell, alle anderen Varianten besaßen lediglich einen kleinen, auch als Lenksäulenhalter fungierenden Instrumententräger vor dem Fahrersitz. An den Außenseite, links vom Lenker, saß der Anlasserdruckknopf. Im Armatureneinsatz, von der Form her identisch mit dem des Brezel-Käfers, fand sich lediglich ein 100 mm großer Rundtacho mit Kilometerzähler, dazu kamen Kontroll-Leuchten für Fernlicht, Ladestrom, Öldruck, Winker, zwei Drehschalter für Beleuchtung und Scheibenwischer sowie der Zündschalter. Der Fußabblendschalter saß links vom Kupplungspedal. Die Winker wurden per Kippschalter am Armaturenbrett betätigt. Erst ab dem März 1955 erhielten alle Busse ein neu gestaltetes, durchgängiges Armaturenbrett.

Im Laderaum dominierte viel nacktes Blech. Kasten wie Kombi verzichteten weitestgehend auf Innenverkleidungen. Deutlich luxuriöser sah es beim Achtsitzer-Bus und beim Acht/Neunsitzer-Sondermodell, im Volksmund »Samba« genannt, aus. Dort verlief die Instrumentenkonsole über die ganze Breite, allerdings nicht viel üppiger bestückt als im kargen Kastenwagen. Zusätzlich gab es lediglich Zeituhr und Aschenbecher, und vor dem Beifahrersitz konnte ein Radio eingebaut werden. Etwas wohnlicher wirkten diese Versionen durch den mit einer Gummimatte belegten Fußraum. Auch die Stirnwand war mit Pappe verkleidet und mit Kunstleder bezogen. Türverkleidungen hatten alle Modelle, sie bestanden aus Pappe, bei den Nobelversionen mit Kunstlederbezug. Den Beifahrer-Haltegriff an der Stirnwand gab es nicht in den Luxusversionen, die Fußstütze aber in allen Modellen. Was beim Kastenwagen der Laderaum, war bei Bus und Sondermodell der Fahrgastraum. Die VW-Techniker installierten zwei gepolsterte, dreisitzige Sitzbänke, die leicht herausgenommen werden konnten. Die vordere Bank hatte eine geteilte, umklappbare Lehne. Serienmäßig beim Achtsitzer-Sondermodell, gegen Aufpreis auch für Bus und Kombi, gab es ein riesiges Golde-Schiebedach, das bei Bedarf für Sonne im Fahrgastraum sorgte. Bus und Kombi wiesen auf jeder Seite drei Fenster auf, die hinten waren sogar ausstellbar. Insgesamt verfügten sie über elf Fenster. Der Samba wies, die Dachfenster aus Plexiglas eingerechnet, 23 Fenster auf. Mit der Einführung der breiten Heckklappe zum Modeljahr ’64 verloren die Luxus-Modelle die hinteren Eckfenster, die Anzahl der Scheiben reduzierte sich entsprechend auf 21.
Auf einer Pressekonferenz am 12. November 1949 stellte VW-Chef Nordhoff der Öffentlichkeit die erste Generation des VW Transporters vor. Die Techniker und Konstrukteure bezeichneten ihre Neukonst-

DER VW BUS T1

ruktion als die »Kombination eines selbsttragenden Kastenaufbaus mit den Hauptmerkmalen des Volkswagens«. In der Formgebung hatte man sich an »modernen Tendenzen« orientiert – allen voran am DKW-Transporter der Auto Union. Der DKW-Schnelllieferwagen war im August 1949 angekündigt und ab Oktober ausgeliefert worden. Er hatte eine Nutzlast von einer dreiviertel Tonne. Sein hubraumschwacher Zweizylinder-Zweitaktmotor, zunächst 20 PS stark, war stehend an der Wagenfront untergebracht und sehr gut zugänglich. Außerdem war der DKW bei einer Außenlänge von unter vier Metern und einem Laderaum von 4,2 Kubikmetern ein Muster an Raumökonomie. Doch auch die Wolfsburger hatten ihre Hausaufgaben glänzend gelöst, daran bestand nach Bekanntgabe der Eckwerte kein Zweifel: Laderaum 4,6 Kubikmeter, Gesamtlänge 4,15 Meter. Breite 1,66 m, Höhe 1,9 m. Im Heck brummte der bekannte VW-Boxermotor mit 1,1 Litern Hubraum und einer Leistung von 24,5 PS bei 3300/min. Der neue Transporter aus Wolfsburg bestach überdies durch niedriges Gewicht (Leergewicht 975 kg, fahrfertig mit vollem Tank, Werkzeug, Ersatzrad, Fahrer und Beifahrer) und eine Nutzlast von 750 kg. Das zulässige Gesamtgewicht lag bei 1725 kg. Deutliche Vorteile gegenüber der Konkurrenz von DKW und Co. konnte der VW in Fahrleistungen und Wirtschaftlichkeit für sich verbuchen. Der Kraftstoffverbrauch betrug vollbeladen rund acht Liter auf 100 Kilometer, was den Aktionsradius mit einer Tankfüllung auf rund 500 Kilometer ausdehnte.

Von Anfang an ein Erfolg

Im Februar 1950 liefen endlich die ersten Transporter vom Band. Im März begann dann die eigentliche Serienfertigung mit zehn Exemplaren täglich. Zunächst gab es den Transporter nur als Kastenwagen. Er kostete 5850 Mark und war damit nur unwesentlich teurer als der Käfer, mit dem er eine ganze Menge gemeinsam hatte. Dem Kastenwagen (Typ 21) folgten alsbald eine Reihe weiterer Nutzfahrzeuge. Schon im März 1950, nur einen Monat nach Fertigungsbeginn, wurde der Kombiwagen (Typ 23) vorgestellt, der durch den Einbau zweier Sitzbänke zum Personen-Transporter umfunktioniert werden konnte. Im Mai 1950 folgte dann der echte Kleinbus (Typ 22), der mit dem Kombi zwar weitgehend identisch, aber anders bestuhlt und besser ausgestattet war. Bis zum Jahresende war die Tagesproduktion von anfänglich zehn auf sechzig Einheiten angestiegen, damit waren schon im ersten Produktionsjahr mehr Transporter in Umlauf als von allen Fahrzeugen der Konkurrenz zusammen. Die Luxus-Variante folgte im Juni 1951 mit dem Samba-Bus (»Sondermodell«, Typ 24), dazu später mehr.

Zweckmäßig-nüchtern präsentierte sich die Gemeinschaftsentwicklung mit dem Deutschen Roten Kreuz: Im Dezember 1951 kam der VW-Krankenwagen (Typ 27) auf den Markt, die Umrüstung nahm die Firma Miesen vor. Im August 1952 ging der Pritschenwagen (Typ 26) mit seiner Ladefläche aus gewelltem Stahlblech und aufgesetzten Hartholzleisten. Die Bordwände, zunächst glatt, später mit Prägungen, konnten abgeklappt werden. Unter der Pritsche gab es einen zusätzlichen Laderaum, umgangssprachlich »Tresor« genannt.
Der Benzintank lag bei dem Pritschenwagen unmittelbar über der Hinterachse, der Einfüllstutzen saß an der Seite. Das Reserverad war

Im Januar 1955 fiel die Entscheidung, für den Transporter ein eigenes Werk in Hannover-Stöcken zu errichten.

Hier spricht der Chef: Am 9. Oktober 1954 lief in Wolfsburg bereits der 100.000. Transporter vom Band. Heinrich Nordhoff hielt die Rede.

Die Produktion begann mit einer Tagesleistung von zehn Einheiten. Ein Typ 2 kostete 5850 Mark und war damit 1050 Mark teurer als der Käfer, aber deutlich günstiger als das Cabriolet.

1954 fertigte VW insgesamt 40.199 Transporter, durchschnittlich 153 Stück pro Arbeitstag.

Eine Dreivierteltonne Nutzlast, 4,6 Kubikmeter Laderaum und vor allem ein gutes Händlernetzt sorgten dafür, dass der Typ 2 bereits vier Jahre nach seiner Premiere einen Marktanteil von über 30 Prozent hielt.

Aller Werbung zum Trotz: Weniger als fünf Prozent der Typ 2 liefen in der Landwirtschaft. Hier eine US-Ausführung von 1963.

In den 1950ern setzte VW in der Werbung auf Zeichnungen. Mit den Proportionen nahm man es nicht so genau.

Im neuen Werk in Hannover rollte am 8. März 1956, auf den Tag genau sechs Jahre nach dem Transporter-Serienanlauf in Wolfsburg, der erste Bus vom Band.

Im Januar 1952 nahm Volkswagen den Transporter als Krankenwagen in den Programmfächer auf.

platzsparend hinter der Sitzbank untergebracht worden, das hatte erst die Schaffung einer ebenen, durchgehenden Ladefläche ermöglicht. Diese Anordnung von Reserverad und Kraftstofftank wurde ab März 1955 auch für die übrigen Transportermodelle übernommen. Den Pritschenwagen gab es auf Wunsch und gegen Aufpreis auch mit Plane und Spriegel. Bachert bot dafür einen Drehleiteraufbau an, Ruthmann eine Hebebühne für Arbeiten an Oberleitungen und dergleichen, Feuerwehr-Spezialisten wie Ziegler rüsteten Transporter zu Löschfahrzeugen um.

Die Bundesbahn beschaffte 1954/55 insgesamt 30 T1 Kombi als Betriebsamts-Draisinen. Um den erhöhten Belastungen im Bahnbetrieb gewachsen zu sein, wurden die Fahrzeuge auf separate Rahmen gesetzt, und der serienmäßige 24,5-PS-Boxer wurde durch einen 28 PS starken VW-Industriemotor ersetzt. Die als »Kleinwagen Klv 20« klassifizierten Umbauten brachten Wartungstrupps an den jeweiligen Einsatzorte entlang der Gleise. Um die Fahrtrichtung zu wechseln, wurde eine unter dem Fahrzeug befindliche Hebe- und Drehvorrichtung per Handkurbel abgesenkt. Dann ließ sich der Bus kinderleicht in jede gewünschte Richtung drehen. Die letzten VW-Draisinen wurden 1977 ausgemustert, gebaut haben sie die Firmen Beilhack (Rosenheim, seit 2005 Teil der Schweizer Aebi Schmidt-Gruppe und WMD, der zwischen 1946 und 1971 aktiven Waggon- und Maschinenbau GmbH Donauwörth (die heute zum Airbus-Konzern gehört). Bus und Kombimodell waren bis auf die Ausstattung baugleich, bei beiden ließen sich die mittels Flügelmuttern befestigten Sitzbänke entfernen, so dass quasi Kastenwagen mit Fenstern entstand. Ein Unterschied zwischen Kombi und Bus: Der Kleinbus konnte als Pkw versteuert werden, ihn gab es als Sieben-, Acht- und sogar als Neunsitzer, abhängig von der Bestuhlung.

Vom Kombi zum Samba

Der erste Test von »auto motor und sport« im November 1953 sah denn auch keine Ähnlichkeiten mit einem gewerblich genutzten Kleinbus, sondern begriff ihn als »Personenwagen mit mehr Sitzplätzen als üblich«, und die Passagiere hätten in diesem »reifen und wirklich vorbildlichen Fahrzeug« tatsächlich »bequem Platz« – beachtlich bei einer Schulterbreite von 1500 mm vorne beziehungsweise 1520 mm hinten. Auf Wunsch gab es für diesen Typ ein Golde-Faltdach und eine kurze Heckklappe. Vier Jahre später testete Heinz Kranz von der Zeitschrift »Das Automobil« testete in der September-Ausgabe den mit 8475 um 1000 Mark gegenüber dem ersten Test teurer gewordenen Achtsitzer. Chefredakteur Kranz fuhr damit an den Gardasee, sein Urteil: Fahrwerk und Motor bezeichnete er, wie Kollege Buck auch, als überdurchschnittlich, sie stünden »in keinem Verhältnis zu den reinen technischen Leistungswerten«. Begeisternd auch das Fahrverhalten (»fahr- und narrensicher«), die Raumökonomie (»vorbildlich«) und die Ausstattung (»Beim Betrachten des Innenraumes weiß man nicht, was man mehr bewundern soll, die luxuriöse Ausstattung oder die beispielhafte Raumausnutzung«). Gar keine Kritik, Herr Kranz? »Verbesserungswürdig wäre lediglich die Frontscheibe, die man entweder aus einem Stück ohne Mittelpfosten formen sollte, oder man müßte den Innen-Rückspiegel an einer anderen Stelle unterbringen.« Und: »So sehr ich mich bei den Wolfsburger Neuerungen das große Heckfenster freut, so enttäuscht war ich, daß der Benzinstandmesser immer noch nicht zu Serie gehört«. Den gab es tatsächlich erst ab Ende Juli 1961 standardmäßig ab Werk. Ansonsten erntete der VW nur Lob: »Der Bus dagegen, wie der Transporter allgemein, ist in jeder Beziehung in Ordnung, und wenn mir vom Brenner bis Trient circa 30 VW-Sonderbusse begegneten, die über 200 Erholungssuchende beförderten, so ist das wirklich kein Wunder, denn der Bus bietet wirklich alles, dem Reisenden wie dem Eigner, was er an einem Automobil schätzt.« Zehn Jahre später kam bei einem Vergleichstest der Zeitschrift »mot« der VW Transporter nicht mehr so gut weg: Er trat gegen den neuen Ford Transit – seinen stärksten Rivalen – und den neuen Hanomag F 20 an: »In Preisen und Unterhaltskosten ist der VW-Transporter besonders erschwinglich, jedoch ist er in Straßenlage und Raumausnutzung gegenüber dem Ford Transit um einige Entwicklungsstufen zurück. Der Ford bietet mit guten Fahr- und Federungseigenschaften, leisem Motor, praktischer Ausstattung, großem Gepäckraum hinter den Sitzen das reellste Angebot im Verhältnis zum Preis.« Dennoch war das Votum der Käufer eindeutig: Pro Tag spuckte das Transporter-Werk in Hannover 750 Lieferwagen aus (68.000 waren es 1966 gewesen, was einem Marktanteil von 79 Prozent entsprach), im Ford-Werk Genk waren es rund 220 Transit, während Hanomag mit etwa 55 Wagen in Hamburg-Harburg deutlich kleinere Brötchen buk. An diesen Verhältnisse sollte sich auch in Zukunft nichts ändern, zumal VW die zweite Transporter-Generation schon in der Pipeline hatte.

Ab Mai 1963 gab es die Option, anstelle der Flügeltüren eine Schiebetür zu ordern. Sie kostete 250 Mark Aufpreis.

Der Transporter als mobile Bankfiliale in Diensten der norwegischen Orkdal Sparebank, Trondheim, von 1964. (Foto: © NTNU)

Rapsgelbe Engel: Der ADAC beschaffte 1951 die ersten Typ 2, doch dieser T1 stammt von 1964. (Foto: © Reinhold Möller)

Mit Notbestuhlung konnten zwölf Personen mitfahren. Werksaufnahme von 1962.

Ob VW-Entwicklungschef Haefner bei der Konzeption an eine solche Verwendung gedacht hat? Im Bild ein Kastenwagen von 1952 mit oberen Lüftungsschlitzen für den Laderaum.

»VW-Transporter helfen Kunden gewinnen und Geld verdienen«, verkündete der Prospekt, und auf dieser zeitgenössischen Postkarte sind alle 1955 im Werk gebauten Varianten zu sehen: Pritsche, Kasten, Kombi und Kombi Achtsitzer sowie der Samba, der »VW Achtsitzer Sondermodell«.

Die Liste der ab Werk angebotenen Transporter-Varianten wuchs im Laufe der Jahre beträchtlich an und umfasste Anfang der 1960er Jahre über 30 Ausführungen. Zu der Zeit baute das Werk in Hannover-Stöcken rund 750 Transporter täglich.

1

4

2

4 VW-Krankenwagen

1 VW-Neunsitzer „Sondermodell"

2 VW-Neunsitzer

3 VW-Campingwagen

5

3

5 VW-Feuerlöschfahrzeug TSF (T)

6

Der Hochdachtransporter SO 13 verfügte über einen 4,67 Kubikmeter großen Kasten oben und ein 0,65 Kubikmeter fassendes Abteil unten.

VW-Transporter für jede Branche für jeden Zweck

Bei voll bestuhltem Fahrgastraum musste das Gepäck über dem Motor gestapelt werden. Das Abteil fasste 0,8 Kubikmeter.

7

8

Optional konnten Flügeltüren auch auf der Fahrerseite geordert werden, aber nur wenige bestellten diese Sonderausstattung.

Mehr als zwei Jahrzehnte lang war dieser Transporter für eine Hildesheimer Textilfabrik unterwegs.

Der taubenblaue Bulli-Transporter ist unter dem Spitznamen »Sofie« in der Szene bekannt. Er rollte am 5. August 1950 mit der Produktionsnummer 20-1880 in Wolfsburg vom Band und ist der weltweit viertälteste noch existierende T1.

DER VW BUS T1

Das große VW-Zeichen am Heck besaßen nur Transporter bis Fahrgestellnummer 20-05534.

Sofie: Malochen für das Wirtschaftswunder

Am 8. März 1950 begann im Volkswagen Werk die Serienfertigung des VW Transporters; der erste mit der Fahrgestellnummer 000014 wurde über das Autohaus Fleischhauer an die Firma »4711« in Köln-Ehrenfeld übergeben. Knapp ein halbes Jahr später, am 5. August 1950 rollte dann die Fahrgestellnummer 20-1880 in Wolfsburg vom Band. Ein taubenblauer Kastenwagen, gebaut für »Stadt und Land, für nah und fern, für Autobahn und Feldwege, für Handel und Gewerbe«, wie es bei der Transporter-Vorstellung geschrieben worden war. Dieser spezielle VW Transporter – dem Vernehmen nach der erste Vertreter seines Typs auf den Straßen der Stadt Hildesheim – bekam es vor allem mit innerstädtischem Verkehrsgewühl, engen Gassen und holprigem Straßenpflaster zu tun. 23 Jahre lang, bevor der betagte Transporter dann 1973 verkauft wurde. Er hatte Glück, denn ein Sammler erwarb den weitgehend original erhaltenen Malocher, und auch die folgenden Besitzer waren Sammler, die den Wert der Altertümchens zu schätzen wussten. 1992 dann der nächste Besitzerwechsel. In Deutschland wollte ihn keiner haben, bis sich schließlich in diesen Vor-Internet-Zeiten ein dänischer Enthusiast auf die dreizeilige Kleinanzeige meldete und die geforderten knapp 10.000 Mark auf den Tresen legte.

Der Transporter, der die letzten 19 Jahre nur in Sammlungen verbracht hatte, wies keine 100.000 Kilometer auf und wurde vom neuen Eigner Tonny Larson in fahrbereiten Zustand versetzt und auf den Namen »Sofie« getauft, angeblich der Spitzname des ersten nach Dänemark verkauften T1. Eigentlich wollte er sich nie wieder von ihr trennen, was im neuen Jahrtausend zu einer dreijährigen Vollrestauration führte, die 2003 abgeschlossen wurde. »Sofie« avancierte zu einer Berühmtheit in VW-Oldtimer-Kreisen, und als 2014 schließlich dann doch die Scheidung anstand, rissen sich gut betuchte Sammler um das einzigartige Fahrzeug. Doch der Däne entschloss sich, das alte Mädchen an die Volkswagen Nutzfahrzeuge Oldtimer in Hannover zu verkaufen, die damit an ein Prunkstück ihrer Sammlung gelangten. Zu besonderen Gelegenheit führt VWN den wieder fein gemachten Transporter aus, und noch immer gilt: »Durch seinen bescheidenen Platzbedarf für Fahrbahn und Unterstellung infolge der geringen Grundfläche ist das Fahrzeug überall zu verwenden« – und verbreitet, so ist man versucht zu ergänzen, überall gute Laune.

Sofie hatte, wie alle T1, den 1100er Boxer-Motor aus dem Käfer im Heck. Angeblich genügte das für Tempo 75.

Sofie wurde, bevor sie in den Bestand der VWN gelangte, vom dänischen Vorbesitzer liebevoll restauriert.

Die Winker anstelle der Blinker behielt der Transporter, ebenso wie der Käfer, bis zum März 1960 bei.

Ab April 1960 schrieb der Gesetzgeber Blinker vor. Bosch hatte seit 1951 eine Nachrüstlösung im Angebot.

Zum Verkaufsstart im April 1951 hieß der Samba schlicht VW-Kleinbus »Sonderausführung«. Hier stehen gleich alle drei unterschiedlichen Varianten. Ganz rechts der »Barndoor« ohne Heckklappe (-2/55), mit schmaler Klappe (3/55-'63) und links mit breiter Heckklappe ('64-'67).

Die vergrößerten und flachen Blinker kamen zum Modelljahr 1963 und entsprachen den US-Modellen.

Der Samba

Am 19. April 1951 eröffnete in Frankfurt die erste internationale Nachkriegs-Automobilausstellung ihre Pforten. Volkswagen nutzte diese Gelegenheit und errichte auf dem 1350 Quadratmeter großen Messestand teilweise eine Käfer-Fertigungsstraße und inszenierte eine fast schon surreal wirkende Lichtinstallation. Man sprach von einem »Tempel des Volkswagens« und huldigte dem Bus als jüngstem Familienmitglied der stetig wachsenden Transporter-Gemeinde: Denn erstmals bot Volkswagen einen echten Personentransporter an – im Gegensatz zum Kombi, bei dem die Passagiere geduldeter Ballast darstellten (weswegen es diesen mit und ohne Sitzbänke im Laderaum gab). Preislicht lagen zwischen dem Kombi ohne Sitzvorrichtung und dem Kleinbus 600 Mark. Wer zu den rund 7000 Mark des Kleinbus-Achtsitzers noch einmal rund 1500 Mark dazu gab, erhielt dann das neue Volkswagen Bus »Sondermodell«: Gleich viele Sitze, aber eine viel feinere Ausstattung: Der Samba-Bus, VW-offiziell als »Achtsitzer-Sondermodell« bezeichnet, hatte in Gepäckraumhöhe ein weiteres Seitenfenster, gleichzeitig hintere Eckfenster, anfänglich aus 4 mm starkem Plexiglas, später aus Glas. Nur dem Sondermodell blieb die charakteristische Dachrandverglasung vorbehalten, je vier schmale Oberlichter auf jeder Seite: Das Konzept hatte man bislang nur im Omnibussektor verwendet, doch die insgesamt 23 Fenster machten das »Sondermodell« zum Panoramabus. Mit der Mehrausstattung M130 konnte man übrigens das Faltdach und die Dachfenster abbestellen und erhielt dann einen 15-, beziehungsweise 13-Fenster-Deluxe-Bus.

In jedem Fall war, wie bei den großen Reisebussen auch, auf Wunsch ein Röhrenradio (Modell Auto-Super) im Armaturenbrett zu installieren. Die Samba-Ausstattung bot zusätzlich Ascher, Dachhimmel, Haltegriffe, Armlehnen an den Seitenverkleidungen, Kleiderhaken und eine Halteschlaufe hinten. Innenspiegel und Beifahrer-Sonnenblende waren Serie, beim Achtsitzer-Bus gab es so etwas nur gegen Aufpreis. Das Gepäckabteil über dem Motor war beim Bus mit Presspappe ausgekleidet, im Sondermodell mit Noppen-Teppich belegt, beide

Neben der Dachrandverglasung gehörte das Faltschiebedach zu den Besonderheiten des Luxus-Busses.

mit aufgesetzten Metallschutzleisten, im Sondermodell mit Reling. Ebenfalls dem Luxus-Bus vorbehalten war hinten die breite, um die Ecken greifende und mit Gummi belegte Stoßecke (eine richtige Stoßstange folgte erst in späteren Modelljahren), breite Aluzierleisten und das verchromte, 315 mm große VW-Logo vorn. Letzteres war bei den anderen Modellen in Wagenfarbe gehalten. Sambas verließen das Werk stets in Zweifarben-Lackierung.
Den Luxus-Reisebus im Kleinformat vermarktete Volkswagen in den USA als Microbus »Deluxe«, der deutschen Marketing-Abteilung fiel dazu nicht mehr ein als die unterkühlte Bezeichnung »Sondermodell«. Bekannt aber wurde er unter der Bezeichnung »Samba«-Bus. Wie es zu diesem Namen kam, ist bis heute nicht ganz klar: »Sonnendach-Ausführung mit besonderem Armaturenbrett« oder doch »Sonder-Ausführung mit besonderer Ausstattung« sind ebenso plausibel wie die Erklärung, dass »Samba« nichts weiter bezeichnet als eben jenen Tanz. Vielleicht ist jene Erklärung sogar die wahrscheinlichste, denn »Samba« klang nach Brasilien, nach Exotik, nach Unbeschwertheit, Lebenslust und Sommer, Sonne, Urlaubsfreude – jeder von Fernweh geplagte wirtschaftswunderliche Bundesbürger mochte da sofort die Koffer packen. Gesichert ist indes nur, dass die Bezeichnung erstmals 1954 in einer niederländischen Preisliste zu finden ist. Und dabei ist es geblieben, auch wenn der T1 Samba in den Produktionsunterlagen des Werks immer als VW Kleinbus »Sonderausführung« geführt wurde – fast 100.000 Mal, vom 27. Juni 1951 bis zum Auslaufen der T1-Fertigung im Juli 1967.
Der älteste bekannte »Samba« ist in privater Hand bei einem Sammler in den USA. Er befindet sich in unrestauriertem »Jahreswagenzustand« und nahezu seine gesamte Historie ist belegbar. Sogar die originale Rechnung hat der Besitzer noch. Sie lautet über 9025 Mark. Damals fast unerschwinglich, für das Geld gab es zwei VW Käfer.

Ein zwischen 1951 und 1963 gebauter Samba hatte 23 Fenster, einschließlich der Schiebefenster in den Fahrerhaustüren.

Die letzten Samba-Busse – August 1963 bis Juli 1967 – hatten nur noch 21 Fenster, aber eine breitere Heckklappe.

Typisch für den Samba waren die Zweifarb-Lackierung und die Leisten an Karosserie und Stoßstangen aus Aluminiumguss.

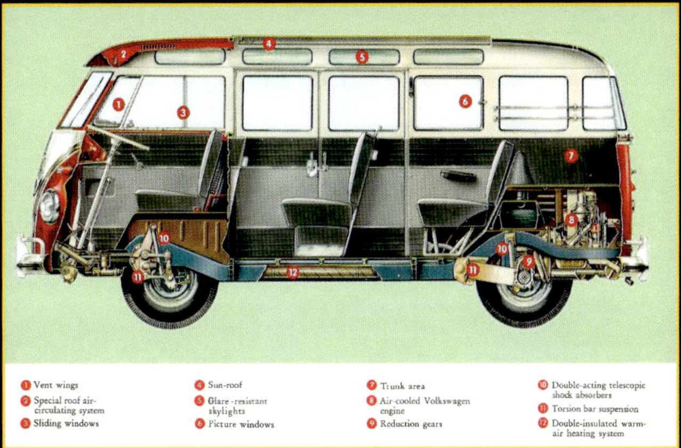

Das Schnittbild erklärt das Samba-Innenleben.

Der vordere T1 ist von 1954. Er ist kastanienbraun und siegellackrot lackiert – anfangs die beliebteste Farbkombination – und hat noch Plexiglasscheiben in den hinteren Ecken. Diese wurden bei den Modellen ab Februar 1955 (hier mittig von 1962) durch solche aus Sicherheitsglas ersetzt. Beim T1 ab Modelljahr 1964 fehlen diese Fenster dann ganz, da durch die breite Heckklappe kein Platz mehr für sie zur Verfügung stand.

Um die Fortbewegung auch bei Tiefschnee zu ermöglichen, verdoppelte man die Anzahl der Achsen und zog hinten Raupenbänder auf.

Der vierachsige T1 meistert als Extremkletterer auch schwieriges Gelände, obwohl er keinen Allradantrieb aufzuweisen hat.

Einen gebrauchten VW Transporter in Kombi-Variante verwandelte der Wiener Kurt Kretzner in den Raupen-Fuchs.

Nach mehrjähriger Restauration feierte der neu geborene Fuchs im Frühjahr 2022 Premiere.

Weil genaue Unterlagen fehlten, konnte das Fahrzeug nur mühsam rekonstruiert werden.

Der Raupenfuchs

Nachdem die Alliierten das seit Kriegsende geltende Bauverbot für Allrad-Fahrzeuge Anfang der 1950er wieder aufhoben, weil die in Vorbereitung befindliche Bundeswehr Allrad-Fahrzeuge benötigte, büßte der Unimog etwas von seiner Exklusivität ein, blieb aber das kleinste geländegängige Allrad-Fahrzeug im deutschen Produktionsprogramm. Denn was es im Laufe dieses wirtschaftswunderlichen Jahrzehnts an Allradfahrzeugen gab, stammte vom Lkw ab und war auf Nutzlasten von 3,5 Tonnen aufwärts ausgelegt. Für die kleineren Klassen schien ein Allrad-Fahrzeug völlig überflüssig zu sein. Umso mehr, als Volkswagen mit dem Typ 2 eine Transporter-Baureihe im Programm hatte, die aufgrund ihrer Achsen, den Seitenvorgelegen in den Radnaben und des Heckmotors alle Eigenschaften zu erfüllen schien, die man vernünftigerweise an ein solches Fahrzeug auch im Winter stellen mochte. Doch Vernunft ist nicht immer ein Kriterium, ist es nie gewesen, auch nicht bei kühl kalkulierenden Nutzfahrzeug-Freunden. So entstand der Raupen-Fuchs, der aus dem braven VW-Transporter einen Offroader machen sollte.

Ein Transporter mit Kette

Im Mai 1962 war dieser ganz besondere T1 im Werk Hannover produziert und über die österreichische VW-Vertriebsorganisation Porsche Salzburg verkauft worden. Der Transporter diente eilfertig eine gewisse Zeit als Lastesel, bevor er – die Hintergründe sind nicht geklärt – zum VW-Händler Kurt Kretzner in Wien gelangte. Der war begeisterter Skifahrer, sah aber wenig Chancen, mit einem Fahrzeug dorthin zu gelangen, wo für begeisterter Brettlsportler der Spaß erst beginnt. Denn, siehe oben: Alltagstaugliche Überschneefahrzeuge gab es nicht. Daher beschloss er, selbst eines zu bauen. Vier Jahre lang arbeitete er an seinem Entwurf, bevor er seine Idee dann just mit jenem Volkswagen der ersten Transporter-Generation in die Tat umsetzte. Und wahrhaftig, an Aufwand ließ er es nicht fehlen, denn er verdoppelte die Anzahl der Bulli Achsen und entwickelte eine schlaue Lenkkinematik, um alle vier Vorderräder (er stattete den Transporter mit Zwillingsbereifung aus) einschlagen zu können. Sie funktionierte (und tut es heute wieder) einwandfrei, und gehörte sicher zu den größeren Herausforderungen bei diesem Projekt. Die Hinterräder mit Raupenketten zu versehen, dürfte der leichtere Teil des Umbaus gewesen sein, denn Volkswagen mit Ketten hinten hatte es auch schon im Zweiten Weltkrieg gegeben.

Warum vier Achsen?

Wie wir alle wissen, ist die Kombination aus schmaler Spur und schmalen Reifen ungeeignet für Fahrten im Schnee: Das Fahrzeuggewicht kann sich nicht genügend verteilen, das Vehikel sinkt ein. Die einzige Lösung besteht darin, das Gewicht auf eine möglichst breite Aufstandsfläche zu verteilen. Hinten montierte Kretzner daher eine Raupenkette, diese Lösung war vorne unmöglich, denn dann wäre der Bulli unlenkbar gewesen. Nachgeordnete Überlegungen dürften auch den Achslasten – normalerweise 950 kg vorn und 1000 kg hinten – und der Reifentragfähigkeit gegolten haben, jedenfalls scheint diese Lösung dem Wiener VW-Mechaniker die einzig umsetzbare gewesen zu sein.

DER VW BUS T1

Unter die orangefarben lackierte Bulli-Karosserie hatte der österreichische Tüftler vorn eine gelenkte Doppelachse mit grobprofilierten 14-Zoll-Zwillingsreifen (der normale T1 hatte Reifen der Dimension 6.40x15) und hinten eine ebenfalls doppelte Achse mit Kettenantrieb gepflanzt. Anders als etwa bei einer Baumaschine erfolgte die Lenkung also nicht über die Kette auf alle Achsen, sondern wie beim normalen Auto mit Lenkrad über die Vorderachsen. Und so bewarb der Erfinder den Raupen-Fuchs auch: »Das neue, ideale, leicht zu bedienende Raupen-Fahrzeug mit dem Sie sicher und bequem jedes schwierige Gelände meistern. Schnee, Sand, Steine, Almwiesen, Moore, kleine Bäche und Wälder können Sie mit diesem Gerät befahren.« Durch die doppelte Vorderachslenkung ergab sich ein Wendekreis von unter zehn Metern – fast zwei Meter weniger als ein normaler Zweiachs-Bulli. Die hydraulischen ATE-Bremsen wirkten auf jedes Rad. Ein automatisches Sperrdifferenzial sorgte selbst im Hochschnee für gleichmäßig verteilten Vortrieb. Die Kraft dazu holte sich der T1 aus seinem serienmäßigen 34-PS-Boxer mit 1192 cm^3 Hubraum. Mit mehr als 35 km/h indessen vermochte der Raupen-Fuchs aber nicht über die Pisten zu schnüren, der normale Transporter lief 1962 rund 95 km/h.

Seltener Helfer

»Ein idealer Helfer für jeden: Hüttenwirt, Jäger, Förster, Arzt, Wartungspersonal von Liftanlagen, Fernseh- und Rundfunkanlagen, Pipelines und dergleichen,« schrieb Kretzner später in den Verkaufsunterlagen zum Raupen-Fuchs, und dort erzählte er auch, wie es denn überhaupt dazu gekommen sei: »Am Anfang schaute ich mich um, konnte aber den Wagen, von dem ich träumte, nicht finden. Also beschloss ich, ihn mir selbst zu bauen.« So haben schon viele automobile Erfolgsgeschichte begonnen, etwa die des Hauses Porsche, und was daraus entstand, weiß heutzutage jedes Kind. Herrn Kretzners Raupen-Fuchs hingegen ist weitgehend vergessen. Gesehen wurde der Raupen-Fuchs über die Jahre seltener als das Ungeheuer von Loch Ness. 1985 tauchte der T1 ein letztes Mal in Wien auf, bevor er Anfang der 1990er-Jahre vom Porsche-Museum Gmünd gekauft wurde. Irgendwann ging der Raupen-Fuchs dann in den Besitz der Bullikartei e.V. über – eine Gemeinschaft von Liebhabern der ersten Bulli-Generation, bis er schließlich Ende 2018 in die Sammlung von Volkswagen Nutzfahrzeuge Oldtimer gelangte. Dort machte man sich mit Feuereifer an die Restaurierung. Die 60 Jahre alte Karosserie wurde, wie bei allen Werksrestaurierungen in Hannover, vom Lack befreit, instandgesetzt, KTL-beschichtet und im weitgehend originalen Orangeton neu lackiert. Mattes Orange deshalb, damit – so die Intention damals – der Raupen-Fuchs in der schneebedeckten Landschaft und unwegsamen Gelände sofort erkennbar war. Den Innenraum gestaltete man mit Buchen- und Kiefernhölzern, ob das Interieur tatsächlich so ausgesehen hat, vermag niemand mehr zu sagen. Bilder von damals ließen sich nicht auftreiben. Im Frühjahr 2022 zog der Raupen-Fuchs wieder seine Bahnen durch den Schnee. Und zwar »mit einer ungewöhnlich guten Steigfähigkeit«, wie die Pressemeldung betonte.

Die Ketten aus Aluminiumelementen saßen auf 13-Zoll-Rädern. Gummiblöcke schonten den Asphalt.

Um Richtungsänderungen auf der Schneedecke zu ermöglichen, musste die Reifenaufstandsfläche vergrößert werden. Gleichzeitig galt es, die Tragfähigkeit von Achsen und Reifen zu beachten.

Die komplexe Lenkkinematik erinnert an das Schema des Mercedes-Benz »Tausendfüßler«.

Insgesamt sollen drei Raupen-Füchse entstanden sein, einer hat tatsächlich überlebt. Nach verschiedenen Besitzerwechseln befindet er sich heute im Besitz der Volkswagen Nutzfahrzeuge.

DER VW BUS T2

1968 - 1979

Nach den Werksferien 1967, zum Modelljahr 1968, änderte der Transporter sein Gesicht. Die Vorarbeiten am neuen Typ 2 begannen zwar schon 1964, die Konstruktionsabteilung um Gustav Mayer hatte aber alle Hände voll zu tun, um die engen Terminvorgaben von Heinrich Nordhoff zu erfüllen. Sie schufen einen modernen Frontlenker mit neugestaltetem, runden Bug, einteiliger, stark gewölbter Frontscheibe und Lufteinlassschlitzen in den hinteren Dachholmen: Der intern T2 genannte Transporter unterschied sich deutlich vom T1.

Auch die Presse zeigte sich begeistert, denn der T2 war, so die Frankfurter Rundschau, kein »blecherner Bollerwagen« mehr.

Ab 1971 verliefen Zweifarblackierungen bis zur Gürtellinie, davor bedeckte die obere Farbe nur das Dach. (Foto: © Anefo)

Die zweite Generation des Bullis wurde von Herbst 1967 (Modelljahr 1968) bis 1979 im Stammwerk in Hannover produziert. Fahrzeuge mit dem damals optionalen, großen Stahlschiebedach gehören heute zu den gesuchtesten Exemplaren.

DER VW BUS T2

»Neuer Volkswagen Transporter – wie ein Pkw« hieß es in einer Pressemeldung, und die Tests bestätigten das.

Auf den ersten Blick mag sich die zweite Bus-Generation nicht so sehr von der ersten unterscheiden, aber Gustav Mayer (»Transporter-Mayer«) hatte es bei der Neuauflage des Lastesels nicht bei einem simplen Facelift belassen, sondern eine geräumigere und steifere Blechhülle geschaffen. Vom Vorgänger übernahm man den Radstand von 2400 mm, die Neuauflage fiel mit 4420 mm jedoch 160 mm länger aus als der Vorgänger. Der Längenzuwachs ging auf das Konto der Überhänge, die vorn wie hinten um jeweils 100 mm zugelegt hatten. Die Fahrzeugbreite blieb mit 1770 mm nahezu unverändert. Außerdem wirkte der Transporter etwas stämmiger – eine Folge der um insgesamt 15 mm breiteren Spurweite. Nach dem Modellwechsel erschien der Transporter nun wesentlich erwachsener und »so lang und so breit wie ein Opel Rekord«, bilanzierte Autotester Clauspeter Becker, und damit »kein Grund, ihn für ein Monument zu halten.«

Neuer Wagen, bekannte Tugenden

Zugelegt hatte in erster Linie der nutzbare Innenraum, was neben dem Längenwachstum auch auf die Absenkung des Fahrzeugbodens zurückzuführen war. Denn beim Typ 2 der Generation T2 war die Bodenfreiheit verringert worden, sie sank von 240 mm auf 185 mm. Das wiederum war eine Folge der neuen Doppelgelenk-Hinterachse an Schräglenkern, welche die alte Portal-Hinterachse mit den Reduktionsgetrieben ersetzte. Die Vorderachse blieb im Prinzip unverändert, ihre Lager verlangten nun allerdings weniger Wartung. Eine Zweikreis-Bremsanlage gab es serienmäßig. Für den Antrieb sorgte ein Typ-1-Motor mit 1,6 Litern Hubraum und 47 PS bei 4000/min, das maximale Drehmoment von 103 Nm lag bei 2200 Umdrehungen an. Auch das Getriebe mit dem langen Schalthebel war völlig neu konstruiert und verfügte über eine den Nutzungsbedingungen angepasste Übersetzung. Überarbeitet hatten die Nutzfahrzeug-Techniker in Wolfsburg die Motoraufhängung, die Motorgeräusche pflanzten sich nun nicht mehr gar so ungeniert in den Innenraum fort – zumindest wenn man den Werksinformationen Glauben schenken mochte, zeitgenössische Tester sahen das anders: Denen ging der Krach bei »höheren Drehzahlen auf die Nerven«, und nur ein vollgestopfter Gepäckraum ließ den Klang des Triebwerks erträglicher werden. Ihn zu beladen war dank der großen Heckklappe relativ einfach, viel einfacher auch (nicht nur wegen der um 73 mm niedrigeren Einstiegskante) gestaltete sich der Zugang zum Lade- beziehungsweise Passagierabteil: Die serienmäßige Verwendung einer 1050 mm breiten seitlichen Schiebetür erlaubte den bequemen Zugang zu den beiden hinteren Sitzbänken. Auf Wunsch und gegen Aufpreis konnte man auch auf der anderen Seite eine Schiebetür erhalten.

An der Modellpalette selbst hatte sich nicht viel geändert, es gab Kasten- und Pritschenwagen, Kombi und Bus sowie das Sondermodell, das zunächst als »Clipper L« in der Lieferliste stand. Allerdings hatten die Wolfsburger auch diesmal bei der Namenswahl kein Glück, die amerikanische Fluggesellschaft Pan Am legte Einspruch ein, denn diese Bezeichnung hatte sie sich für ihre Flugzeuge schützen lassen. Das mochte zwar hierzulande niemanden interessieren, in den USA, dem Hauptabsatzmarkt für den Luxus-Bus, dagegen schon. Der Hinweis auf die USA findet sich auch gleich am Anfang jenes Clipper-

1978 läutet VW das Ende der T2-Ära mit einem Sondermodell ein. Auf Grund der Farbe erhielt es den Spitznamen »Silberfisch«.

Tests, den im Oktober 1967 die »Motor Rundschau« durchführte: Es sei dort »nicht ungewöhnlich«, wenn der Vater einer vielköpfigen Kinderschar »den Kleinbus für den privaten Gebrauch« erwerbe. So weit sei es zwar »bei uns noch nicht«, doch müsse man sich eingestehen, dass »ein solcher Bus doch sehr viel vernünftiger ist als sehr viele Personenwagen.« Nach der Lektüre dieses Tests konnten die interessierten Leser dem nur beipflichten: Wieder einmal absolvierte ein Volkswagen sein Examen mit Bravour. Vom »Personenwagen-Fahrwerk« war die Rede, das auch grobe Fahrfehler gutmütig wegsteckte, von der »sehr guten Verarbeitung«, wobei lediglich der Sitzposition des Fahrers wegen der steilen Rückenlehne und der mangelnden Oberschenkelauflage das positive Bild etwas trübten.

Optische Merkmale der neuen Generation waren neben der Panoramascheibe die glattere Front.

Zuverlässig, aber durstig

Graue Flecken auf der ansonsten makellosen weißen Test-Weste hinterließ auch der »eifrige, aber laute Motor«, der bei mäßigen Fahrleistungen einen beachtlichen Appetit entwickelte: Zwölf Liter auf 100 Kilometer, bei Dauervollgas sogar noch einen Liter mehr waren in Anbetracht der Spitzengeschwindigkeit von 105 km/h doch des Guten zu viel. Das war aber nicht das letzte Wort in Sachen Fahrleistungen: Zum Modelljahr 1971 – also nach den Werksferien im August 1970 – verpassten die Wolfsburger Techniker ihm die Doppelkanal-Zylinderköpfe, was die Motorleistung auf 50 PS bei 4000/min anwachsen ließ. Zum Modelljahr 1972 stand dann mit dem 66 PS starken 1,7 Liter-Flachmotor – Flachmotor deshalb, weil das Kühlluftgebläse raumsparend an der Kurbelwelle angeflanscht war und nicht mehr auf dem Triebwerk stehend – erstmals eine deutlich stärkere Motor-Alternative für Bus und Kasten zur Verfügung. Dazu kamen weitere Änderungen wie die vergrößerten Heckleuchten und vergrößerte Frischlufteinlässe in den hinteren Dachsäulen, eine zurückgesetzte Tankklappe (jetzt ließ sich auch bei offener Schiebetür tanken) und ein breiteres Radlaufprofil vorn. Eine Entlüftung in den Fahrerhaustüren, eine verbesserte Geräuschdämmung und weitere Kleinigkeiten verbesserten die Alltagstauglichkeit weiter.

Diese T2b Doka mit Langgutanhänger stand bei den Stadtwerken Hannover im Einsatz. (Foto: © Ampnet)

Doch die Konkurrenz holte auf, auch wenn es zu der Zeit keinen Transporter in der Eintonnen-Klasse gab, der dem VW auch nur im Ansatz das Wasser reichen konnte. Wenn überhaupt musste der Ford Transit in Betracht gezogen werden, und die Zeitschrift »lastauto-omnibus« verglich im April 1972 den 66-PS-Bus mit einem 75-PS-Transit. Den allerdings gab es mit einer so geringen Zuladung gar nicht. Wer einen Transit fuhr, durfte mindestens 1300 kg mitnehmen und erhielt einen wesentlich größeren Wagen. Doch wer mit diesen beiden Nachteilen auskommen und dem gesunden Spritdurst des VW leben konnte, der war mit dem T2 wesentlich besser bedient, auch wenn sich Verarbeitung und Zuverlässigkeit des Ford verbessert hatten: »Die Verarbeitung des Transit kann man als ordentlich bis gut beschreiben«, bilanzierten die Lkw-Tester, »Klagen wegen mangelnder Zuverlässigkeit sind nicht angebracht.«. Ein Sonderangebot war der Ford-Bus außerdem auch nicht. In der getesteten Ausführung kostete der Kölner Transporter knapp 11.800 Mark, während VW für seinen Bus 10.500 Mark aufrief.

Den Transporter gab es mit Durchgang von den vorderen Sitzen zum Laderaum oder mit fester Wand. (Foto: © Anefo)

In Stuttgart ist man sich nicht ganz einig, ob »Wulle«-Bier schmeckt. Beim Werbe-T2 wird nicht diskutiert, der gefällt allen. (Foto: © Kuch)

Ein T2a der Youngs Radio & Elektro A/S, Sverre; Oslo. Auto, Firma wie auch Nordmende sind längst schon Geschichte.

Die Kastenwagen waren immer Arbeitstiere, keine Sammlerstücke. Sie wurden geschunden, nicht gepflegt. Gut erhaltende T2a Kastenwagen sind daher seltener als jeder Porsche 911. Rost war ein großes Problem, es gab praktisch keinen Bulli, den die braune Pest verschonte.

Beim Großraum-Pritschenwagen war die Fläche 2820 mm lang und 1850 mm breit, die normale kam auf 2700 und 1600 mm.

Es muss nicht immer Baustelle sein: Die Karosseriefirma Thiele bot Bestattungswagen auf Doka-Basis an. (Foto: © Katafalke)

»Die Vorteile von zwei Transportern. Zum Preis von einem.« – so bewarb Volkswagen die Doppelkabine. Bis zu sechs Personen durften mitfahren, die Ladefläche hatte die Maße 1855 x 1570 mm. Plane und Spriegel gab's gegen Aufpreis. (Foto: © ETH Zürich / Bildarchiv)

Der T2b mit kippbarer Pritsche – Aufbau Prometer, Lengerich – war als SO 15 ab Werk bestellbar, Nutzlast 0,9 t.

Kein billiges Vergnügen

Der günstigste Kastenwagen des Jahrgangs 1972 war mit 8795 Mark um 420 Mark teurer als zuvor, der Siebensitzer in Top-Ausstattung kostete nun 11.625 Mark anstelle der bisherigen 11.070 Mark. Wer den 1,7-Liter-Motor haben wollte, musste weitere 675 Mark anlegen, bekam aber dafür den Bremskraftverstärker sowie Gürtelreifen der Dimension 185 SR 14 mit dazu. Sitzgurte, Kopfstützen und Halogenscheinwerfer standen aber weiterhin auf der Aufpreisliste. Das 66 PS starke Aggregat wich, analog zur 412 Limousinen-Baureihe, zum Modelljahr 1974 dem 1,8-Liter-Motor und leistete nun 68 PS. Ab 1976 kam dann eine Zweiliter-Maschine, wie sie auch beim VW-Porsche 914/4 verwendet wurde, zum Einsatz. Beim Transportermotor drosselte man die Leistung um 30 auf 70 Pferdestärken, an die Stelle der Einspritzanlage war eine Zweivergaser-Anlage von Solex getreten. Das maximale Drehmoment von 140 Nm lag nun bei 2800/min an.

Auch der neue Zweiliter (nicht für Pritsche und Doppelkabine erhältlich) überzeugte später die Tester, in dem Fall Clauspeter Becker, der in Heft 21/76 von »auto motor und sport« berichten konnte, dass der »Kraft-Bus« genug Leistung »für eine sehr zügige Teilnahme am Straßenverkehr« habe. Dabei bestätigte der Tester des Jahres 1976 das, was seine Kollegen von der »Motor Rundschau« neun Jahre zuvor schon gemerkt hatten: Der Bus war alles andere als sparsam, ein Schnitt von 110 km/h kostete 14 Liter auf 100 Kilometer, und wer ständig Vollgas fuhr, konnte gut und gerne noch einen Liter mehr rechnen. Im Test schaffte der Zweiliter-Bus übrigens 133 km/h.
In den Preislisten des Jahres 1976 stand der Bus in L-Ausführung mit 17.350 Mark verzeichnet. Doch selbst die 70 PS-Busse wurden

Der Pritschenwagen hatte eine 4,2 Quadratmeter große Ladefläche und durfte bis 1000 kg schleppen. (Foto: © ETH Zürich / Bildarchiv)

Kabinentür rechts, Lenkrad links: Bei dieser Transporter-Doppelkabine handelt es sich um einen Typ 265.

ab Werk ohne »Selbstverständlichkeiten wie heizbare Heckscheibe, Rückfahrscheinwerfer, Verbundglas, Automatikgurte, Armaturenbrettpolsterung, abblendbare Innenspiegel sowie Schlösser für Tank- und Motordeckel« ausgeliefert, von Extras wie Schiebedach (735 Mark) oder Standheizung (1031 Mark) ganz zu schweigen: »So ist es kein besonderes Kunststück, einen VW-Bus oder Kombi auf einen Endpreis von deutlich über 20.000 Mark zu bringen.« Zum Vergleich: Bei der Premiere 1968 kostete der normale achtsitzige Clipper 7980 Mark, als L-Modell mit »2 Sonnenblenden, Scheibenwascher, Zeituhr, Heizung, Gürtelreifen« 8980 Mark. Die empfehlenswerte Standheizung kostete 350 Mark zusätzlich, ein Stahlkurbeldach verteuerte die Sache noch einmal um 450 Mark.

Sicherheit im Vordergrund

Zum Ende des Jahrzehnts gewann das Thema Sicherheit an Stellenwert in der Automobilkonstruktion. Der US-Anwalt Ralph Nader hatte erreicht, dass diesem Thema immer mehr Aufmerksamkeit gewidmet wurde. Seine beiden »Lieblingsgegner«, weil angeblich durch ihre Heckmotoren besonders fahrunsicher, waren der VW Käfer und der Chevrolet Corvair mit seinem Sechszylinder im Heck. Während am Käfer-Buckel aber alle Anfeindungen abprallten, war der Corvair nicht zu retten. Parallel dazu wurden die ersten ernsthaften Anstrengungen unternommen, um den Smog zu bekämpfen.
Diese Bemühungen führten zu ersten, zunächst für Kalifornien gültigen Bestimmungen zur Erhöhung der aktiven und passiven Sicherheit im Fahrzeugbau. Wiewohl diese Vorschriften zunächst nur für Personenwagen galten, mussten auch die Transporter-Entwickler um Gustav Mayer reagieren. Schon bei der T2-Konstruktion waren die geltenden Sicherheitsbestimmungen erfüllt und manche – etwa Gurtverankerungspunkte – zumindest vorgesehen worden. Eine erste Folge dieser dann tatschlich eintretenden neuen Bestimmungen bestand in der Einführung einer Sicherheitslenksäule mit Knickstrebe unter dem Armaturenbrett sowie Verstärkungen in der Bodengruppe nach den Werksferien 1969. Neue Türgriffe mit innenliegenden Öffnern hatte er schon zum Modelljahr 1969 bekommen. Doch das war erst der Anfang.

Eine neue Front

Nach den optischen Überarbeitungen zum Modelljahr 1972 am Heck mit größeren Leuchten war nach den Werksferien – also zum Modelljahr 1973 – der Bug an der Reihe. Am leichtesten sind die im Szene-Jargon T2b genannten Busse an den eckigen Stoßstangen zu erkennen, aber natürlich auch am markanten Unterschied an der Frontpartie, den nach oben gewanderten Blinkern, die nun den Frischluftgrill einrahmten. Die Motorklappe war schon im Vorjahr kürzer geraten, wurde aber nochmals oberhalb des Nummernschilds überarbeitet und anders geformt. Das Unterzeug versteifte man wegen der verschärften US-Sicherheitsvorschriften mit Y-förmigen Front-Querträger samt Crash-Elementen. Dazu hatte VW im Vorfeld auch Versuche nach US-SAE Norm J 850 durchgeführt und insgesamt 13 amerikanische Sicherheitsnormen bestanden. Dabei musste das Fahrzeug mit knapp 50 km/h frontal gegen eine starre Betonwand fahren. Die Türen durften nicht aufspringen, sollten

Die Bundespost gehörte zu den besten VW-Kunden und nahm pro Jahr rund 8000 Fahrzeuge ab.

Schlüssel der gigantischen Erfolge in den USA waren die Anzeigenkampagnen von Doyle, Dane & Bernbach – und natürlich der »Superwagon« im Superman-Outfit.

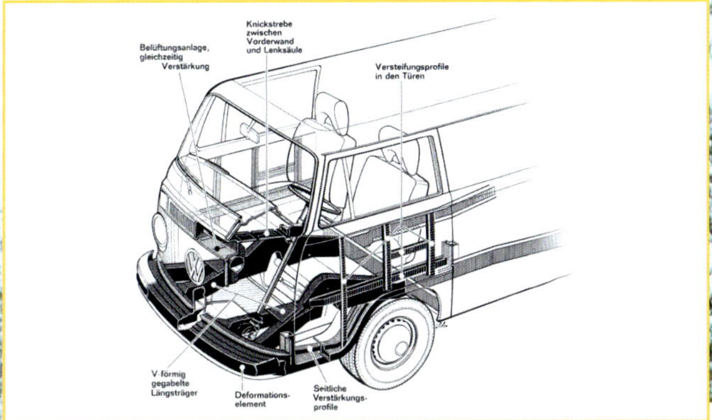

Das Sicherheitskonzept wurde in zwei Schritten verbessert: ‘69 gabelten sich Längsträger Y-förmig, ‘72 folgte ein Deformationselement.

Drogenrazzia vor der Amsterdamer Disco »Studio 7« im August 1971: Im Einsatz ein T2a Bus mit Schiebedach. (Foto: © Punt/Anefo)

Solche T2a Hochraum-Kastenwagen, teilweise auch mit Ausstattung M515 »erhöhte Schiebetür«, liefen in großer Zahl bei der Deutschen Bundespost, bei der Schweizer Post PTT (dann mit hoher Tür) und auch bei Leitungsbauern. Anders als beim T1 bestand das Hochdach aus GFK.

1972 wurde die Motorleistung auf 66 Pferdestärken angehoben, ab 1976 sogar auf 70 PS – ein spürbarer Unterschied gegenüber den 47 vom Modelljahrgang 1968, zumal der Transporter dabei nur 20 kg schwerer wurde. (Foto: © Anefo)

Der letzte T2 verließ am 31. Oktober 1979 nach über 2,5 Millionen gebauten Einheiten das VW-Werk Hannover. 1973, zu dem Zeitpunkt, als diese Aufnahme vom Auslieferungslager der Firma Pon entstand, lag das aber noch in weiter Ferne. (Foto: © Anefo)

Die in den Niederlanden populäre Langversion des T2 stammte von der »Carrosseriefabriek Kemperink« und war um rund einen Meter verlängert worden. (Foto: © Anefo)

Staatsmacht: T1 und T2 im Rahmen einer Demonstration gegen eine NPD-Wahlkundgebung in Nordhorn 1969. (Foto: © Anefo)

sich aber noch anstandslos öffnen lassen. Außerdem mussten die Bestimmungen zur Verschiebung der Lenksäule nach hinten, die Vorgaben zur Dichtigkeit der Kraftstoffanlage, die Sicherstellung des »Überlebensraums« für die Fahrer und Beifahrer eingehalten werden, Pendelaufschlagtests für das Armaturenbrett, Aufprallversuche auf die Trennwand des Laderaums und dergleichen mehr durchgeführt werden. Über 120 Transporter hatte das Werk dazu Frontal-, Heck-, Seiten- und Überschlagsversuchen unterzogen. In allen Belangen erwies sich der T2 als bemerkenswert stabil. Außerdem verwendete Volkswagen nun ein neues Lenkgetriebe, denn bisher war der Transporter, zu Recht, immer wieder wegen seiner schwergängigen Lenkung bekrittelt worden: Je größer die Zuladung, desto kräftiger musste am aufrechtstehenden Lenkrad gekurbelt werden. Das neue System erhöhte die Lenksicherheit und entlastete den Fahrer: »Es ist beruhigend zu wissen, ein Auto zu fahren, das nach strengen Sicherheitsmaßstäben konzipiert und gebaut wird«, schrieb die Presse bei der Premiere des T2b, denn im Transporter sei man »nicht mehr und nicht weniger gefährdet als in vielen anderen Automobilen.«
Besonders interessant war auch die Tatsache, dass ab dem Modelljahr 1973 der Bulli mit der Getriebeautomatik aus dem Typ 411 zu haben war: »Der beste Pkw, den Wolfsburg je gebaut hat«, befand das Fachblatt »lastauto-omnibus«, auch wenn der Automatik-Transporter nur 62 PS leistete, also vier PS eingebüßt hatte.

Nur noch behutsame Modellpflege

In den Siebzigern fanden danach keine weiteren nennenswerten Modelländerungen mehr statt, und das, was passierte, stand unter dem Bemühen, der zusehends erstarkenden Konkurrenz von Transit und Co. Paroli zu bieten. Das bedeutete in erster Linie, den Nutzwert und Fahrkomfort zu erhöhen.
So kam es 1974 zum Einbau besser geformter Sitze, während die 1,8-Liter-Modelle mit Schaltgetriebe eine höhere Anhängelast aufwiesen. Kurz vor den Werksferien 1975 wurde dann der Bau des 4.000.000 Transporters gefeiert, während danach der 70-PS-Motor (1970 cm^3) den 1,8-Liter ersetzte. Und alle Modelle hatten nun einen verzögerungsabhängigen Bremskraftregler für die Hinterachse, eine größere Kupplung sowie eine modifizierte Getriebeübersetzung. Die Modellpalette umfasste acht Grundmodelle und 17 Spezialausführungen – vom geschlossenen Kastenwagen über den Hochdach-Kombi bis hin zum Pritschenwagen, als Kipper, mit Einzel- und Doppelkabine oder extrabreiter Ladefläche, vom Pkw-Kleinbus mit neun Sitzen über Krankenwagen und Feuerwehrauto bis hin zu Sonderanfertigungen mit Hubsteigern oder auch den besonders beliebten Reisemobilen.

Die nach 1976 gebauten Busse verzichteten auf die bisher üblichen durchgehenden oder geteilten Trennwände hinter Fahrer- und Beifahrersitz, letzterer jetzt ebenfalls verstellbar. 1977 feierte Wolfsburg die Gesamtzahl von 4,5 Millionen Transportern mit Heckmotor. Die T2 des Jahrgangs 1978 waren am neuen geschäumten Lenkrad zu erkennen, die L-Busse hatten nun Schiebefenster anstelle der bisherigen Drehfenster im Fahrgastraum; bei Bus und Kombi gab's die gegen Aufpreis. Ohne ausgewiesene Zusatzkosten, aber von Kunden und Konkurrenz getrieben, hatten alle Versionen Automatik-Dreipunktgurte für Fahrer und Beifahrer an Bord. Mit dem silberfarbenen Achtsitzer-Sondermodell, genannt »Silberfisch«, endete die Entwicklungsgeschichte dieser zweiten Generation. Der Allrad-Prototyp auf Basis des Campingwagens mit erhöhter Bodenfreiheit und Sperrdifferential ging nicht in Serie, die Zeit der vierradgetriebenen Busse sollte erst noch kommen. So lief im Juli 1979 das letzte Modell der zweiten Generation in Hannover-Stöcken vom Band. Vom T2 entstanden in Deutschland 2,7 Millionen Exemplare.

Fünf Allrad-Prototypen entstanden in der Forschungs- und Entwicklungsabteilung, konstruiert von Henning Duckstein.

Allrad ohne Auftrag

Der eigentliche Entwicklungsauftrag zu einem allradgetriebenen Transporter blieb Anfang der Siebzigerjahre in der weltweiten Energiekrise auf der Strecke – sehr zum Leidwesen von Gustav Mayer, dem Entwicklungschef der Nutzfahrzeugsparte von Volkswagen. Denn der litt unter Fernweh, doch Sahara-Touren und ähnliche Unternehmungen waren, trotz der zugegeben überaus hohen Schlechtwegetauglichkeit, mit einem normalen Heckmotor-Transporter eine freudlose Angelegenheit. Daher hatte er, ohne offiziellen Entwicklungsauftrag, mit der Konstruktion eines Allrad-Transporters begonnen, der Segen des Vorstands folgte dann drei Jahre später. Den fünf Prototypen des Jahres 1978 war mit erheblichem Aufwand Allrad-Tauglichkeit anerzogen worden.
Das Layout fiel konventionell aus: Sperrdifferentiale vorne und hinten, Zwischendifferential – so weit, so gut. Nun hat ja hat ein luftgekühlter T2 bekanntlich Heckantrieb, die bei Frontmotor-Fahrzeugen übliche Standard-Lösung kam daher nicht in Frage, der Weg zum zuschaltbaren Frontantrieb war schwierig und erforderte zahlreiche teure Umbauten und Änderungen an Blechkleid und Technik – angefangen bei den neuen Radhäusern und einer geänderten Bodengruppe zur Unterbringung der 16 Zoll-Räder bis hin zum neu konzipierten Antriebsstrang mit Durchtrieb für den Anschluss der nach vorne führenden Kardanwelle. Natürlich musste die Vorderachse für die Aufnahme von Differential und Gelenkwellen neu konstruiert werden. Die Kraftübertragung erfolgte mittels Drehmomentwandler, der aus dem Käfer mit Halbautomatik stammte. Die Ergebnisse der Fahrversuche waren ermutigend, weshalb die nächste Transportergeneration mit Allrad kommen sollte. Bei deren Auslegung war bereits der Einbau einer Kardanwelle und eines Vorderachsdifferentials vorgesehen.

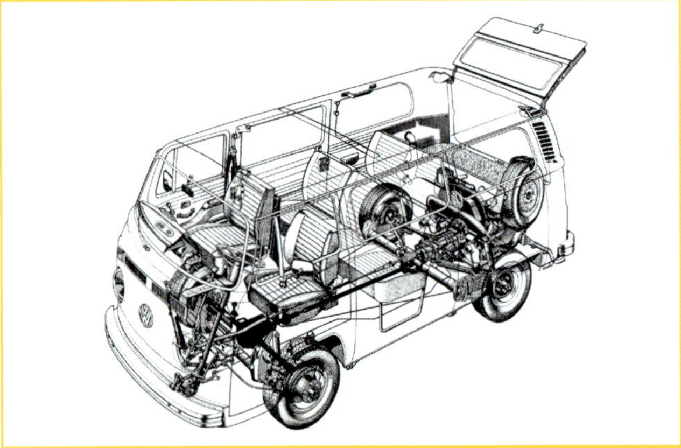

Der 4x4-Bus hatte eine zuschaltbare Vorderachse und eine Bodenfreiheit von 297 mm.

Die Syncro-Prototypen entstanden auf Westfalia-Basis, was nicht zuletzt auch an der Sahara-Begeisterung der Entwickler lag.

Die Allrad-Version des T2, wiewohl nie zur Serienfertigung vorgesehen, wurde im Winter 1978-79 Pressevertretern vorgestellt. Ein Fahrzeug stand für Wintertests zur Verfügung und begeisterte die schreibende Zunft.

Konstruiert unter dem Entwicklungscode EA 456/01, beschränkten sich die Änderungen an der Karosserie auf eine Anpassung der Radhäuser und der vorderen Struktur. Damit hätte sich das Konzept bei jeder T2-Variante umsetzen lassen.

Im Sommer 1978 liefen einige E-Kastenwagen im Kundenversuch. Dank neuer Unterzüge durften 0,8 t zugeladen werden.

Zu den frühen Entwicklungen gehörte bei Volkswagen der GT 70, der T2-Kombi mit Turbinenantrieb.

Die Versuche mit den elektrisch angetriebenen VW-Transportern führten nie zu einer Serienfertigung. Ernsthaft geplant war das sowieso nicht, denn nach wie vor stellten das Gewicht der Batterien und der beschränkte Aktionsradius ein zu großes Handicap dar.

Im März 1972 präsentierte VW beim E-Auto-Symposion in Brüssel den Prototyp einer T2-Pritsche mit Elektro-Antrieb.

Es muss nicht immer Boxer sein

Die 1970er Jahre waren eine Zeit des erwachenden Umweltgedankens, des Bewusstseins, dass das fröhliche Ausbeuten der Ressourcen nicht endlos so weitergehen konnte. Zu Anfang des Golf-Jahrzehnts lagen im Grunde genommen drei aussichtsreiche Lösungsansätze auf dem Tisch: der Elektroantrieb, der Betrieb mit Wasserstoff und der Einsatz von Ersatzkraftstoffen. Volkswagen hat natürlich alle drei Alternativen intensiv untersucht. Wie bei anderen Versuchsträgern, etwa dem Mercedes-Benz Elektro-Transporter LE 306, verfügten auch die T2-Transporter über ein Batterie-Schnellwechselsystem mit Einschub zwischen den Achsen. Siemens lieferte den 44 PS starken Elektro-Motor. Das Batterie-Set verhalf dem Transporter zu einer Höchstgeschwindigkeit von bis zu 80 km/h bei einer Reichweite von 80 Kilometern. Doch Gewicht wie auch Kosten standen in keinem Verhältnis zueinander, daher suchten die Hersteller nach praktikableren Alternativen, denn die benzinelektrischen Hybride – auch damit experimentierte man – waren viel zu teuer.

Aus Sicht der Industrie waren die Alkohole Methanol und Ethanol besonders interessant. Ethanol wird aus Biomasse erzeugt, Methanol fällt als Abfallprodukt der Erdgas- und Kohlegewinnung an. Die europäischen Forschungen konzentrierten sich auf die Verwendung von Methanol, denn da war der Umrüstungsaufwand motorseitig besonders gering. Allerdings war der Schadstoffausstoß höher, und es gab noch einige weitere Nachteile. Vor allem aber gab es kein Tankstellennetz. Andererseits waren die grundsätzlichen technischen Probleme, so die VW-Forschung, im März 1987 weitgehend gelöst und das Unternehmen in der Lage, diese Technologie kurzfristig in Serie zu produzieren. Im Versuch liefen diverse Golf II und Jetta. Einige waren in die USA geliefert worden, und im Frühjahr 1988 gingen auch Methanol-Passat in die Volksrepublik China.

Alternative Antriebe

Zu einiger Marktbedeutung brachten es indes die Ethanolwicklungen, doch das nur in Südamerika: Die brasilianische VW-Tochter produzierte Käfer- und Passat-Modelle, die ganz auf den Betrieb mit Aethylalkohol (Ethanol) ausgelegt waren. Hintergrund war das Pro-Álcool-Programm der brasilianischen Regierung, das 1975 aufgelegt wurde und durch den Umstieg auf nachwachsende Rohstoffe die Abhängigkeit vom Erdöl reduzieren sollte. Mitte der 1980er Jahre waren in Südamerika bereits 1,3 Millionen Ethanol-VW unterwegs. Volkswagen sah in den Methanolmotoren auch eine Brücke zum Wasserstoffantrieb. Wasserstoff kann in jedem beliebigen Verhältnis mit Benzin gemischt und zusammen mit Luft im Motor verbrannt werden, wobei sehr viel günstigere Abgaswerte zu erreichen sind als mit reinem Benzin-Luft-Gemisch, seit Ende der 1970er Jahre liefen entsprechende Versuche. Der Volkswagen-Ansatz ging noch eine Stufe weiter, denn er nutzte nicht Benzin, sondern eben Methanol als »Wasserstoffträger«, der mit Hilfe eines geeigneten Katalysators in Wasserstoff und Kohlenmonoxid aufgespaltet werden konnte.

Nachdem am 24. und 25. Juni 1970 die Hauptversammlung der Audi-NSU Auto Union AG unter ihrem Vorsitzenden Kurt Lotz in Heilbronn die Fusion mit dem Volkswagen-Werk verabschiedete, kam in Gestalt des Ro 80 das erste Fahrzeug mit alternativem Antriebs-

konzept zum Konzern. Natürlich blieb er stets ein Außenseiter, doch gab er sicher mit den Anstoß, innerhalb des Konzerns eine neue Abteilung zu etablieren, die sich mit der Zukunftsforschung beschäftigte. Ihre Aufgabe: Alternative Antriebskonzepte zu finden, denn wenn man den Prognosen des Club of Rome glaubte – und das war damals Konsens – gab es in den Neunzigern kein Öl mehr. Höchste Zeit also, sich etwas Neues einfallen zu lassen, und das bestand zunächst darin, eine alte Idee wieder aufzuwärmen: Die des Elektroantriebs. Ein zehnköpfiges Entwicklerteam stellte, als erstes Resultat der Bemühungen, dann den Elektro-Bulli vor. Die Reichweite lag bei 70 Kilometern, die Batterien wogen allerdings fast eine Tonne. Eine weitere Idee der Zukunftsforscher: Der Antrieb vermittels Gasturbine. Auch diese Idee war nicht neu, Rover hatte bereits Anfang der Fünfziger ein Experimentalfahrzeug vorgestellt. Die Umsetzung dieses Projekts war aber noch unrealistischer als der Umstieg zum Elektro-Antrieb. Danach verlagerte sich das Interesse dann zum Pkw-Bau. Untätig war man bei der VWN in Sachen Elektro dennoch nicht, auch wenn erst die Nutzfahrzeug-IAA 2018 bewies, dass die Elektro- und Hybrid-Offensive bei VWN angerollt war.

Der T2 in aller Welt

Zusammen mit dem Produktionsstart in Deutschland begann 1967 auch die erste CKD-Fertigung (completely knocked down) in

Alles ganz einfach: Der Umgang mit dem elektrisch angetriebenen T2 erforderte kaum Umgewöhnung.

Volkswagen hat den Elektro-T2 von 1972 in Pritschen-, Kasten- und Bus-Form über mehrere Jahre hin erprobt.

Das Versuchsfahrzeug verfügte, ebenso wie der zeitgleich präsentierte Mercedes LE 306, über ein Batteriewechselsystem.

Die Batterien erforderten beim Elektro-Transporter einen erhöhten Wagenboden, was weniger Stauraum bedeutete.

Am 2. Juni 2023 wurde im US-Surferparadies Huntington Beach der erste »Internationale Tag des Volkswagen-Bus« gefeiert. Bei der ersten Ausgabe dieses Bus-Tages kamen über 300 Busse in allen möglichen Formen und Derivaten zusammen, darunter auch einer der ultrararen Elektro-T2, der bei VWoA erprobt worden war.

Im Oktober 1970 begann die Produktion des Combi auf den Bändern der 1964 gegründeten Volkswagen de México, im Februar 1972 folgte der Panel (Kasten), der in Argentinien »Furgón« hieß. Bis 1972 waren 3158 Typ 2 verkauft worden.

Für das Modelljahr 1988 bekamen alle mexikanischen T2-Modelle einen wassergekühlten Reihenmotor aus dem Pkw-Programm. Ende 1989 erhielt der Combi ein neues Armaturenbrett und neue Vordersitze, zum Modelljahr 1995 wurden alle Modelle aus Brasilien mit erhöhtem Dach, Kat und Einspritzanlage aufgerüstet.

Nach einem Streik lief die T2-Fertigung nach 253.000 Stück 1995 aus, seit dieser Zeit baut Puebla keine eigenen Modelle mehr.

Südafrika. Diese Art der Produktion – Fahrzeuge werden in Einzelteilen exportiert und an einem anderen Ort montiert – diente dazu, einerseits die hohen Import- und Luxussteuern eines Landes zu umgehen, andererseits förderte die jeweilige Regierung des Landes oft auch diese Art der Fertigung. Denn damals galt die Automobilindustrie als eine der Schlüsselindustrien und damit als wesentlicher Faktor, die Industrialisierung eines Landes voranzutreiben. Denn staatliche Fördergelder und Vergünstigungen gab es nur, wenn sich das Unternehmen im Gegensatz dazu verpflichtete, innerhalb eines gewissen Zeitraums eine Teilefertigung im Land zu erreichten. Volkswagen war schon seit den 50ern in Südamerika aktiv und begann im neuen Werk Sao Bernardo do Campo nahe der brasilianischen Metropole Sao Paulo mit der Typ 2-Fertigung.In Mexiko startete 1964 die T1-Produktion, 1971 die des Transporters der zweiten Generation, ausschließlich mit dem luftgekühlten 1,6-Liter-Motor. Dessen Verdichtung war auf 6,6:1 herabgesetzt worden, die Leistung sank dabei von 50 auf 44 PS. Volkswagen de Mexico mit Sitz in Puebla lieferte »La Combi« (den Fensterbus), »La Panel« (den Kastenwagen) sowie, in geringer Stückzahl, auch den Pritschenwagen mit Einfachkabine aus, diesen mutmaßlich aus CKD-Teilen gefertigt. Die Produktion dieser Typen lief in Mexiko bis 1988 weiter, danach ersetzte der aus dem Golf bekannt 1,8-Liter-Vierzylinder mit Vergaser den luftgekühlten Boxermotor. Er leistete 75 PS und hatte, als Erkennungszeichen, nun einen großen schwarzen Kühler am Bug. Die Kühlmittel-Temperaturanzeige befand sich an der Stelle im Instrumentenbrett, wo bislang die Tankuhr zu finden gewesen war, die Tankuhr selbst wurde – der »Käfer« ließ schön grüßen – in den Tacho integriert. Ein Luxusbus – »La Caravelle« – ergänzte das Programm. Der Siebensitzer hatte Gimmicks wie Leseleuchten, Haltegriffen und Seitenwandverkleidungen mit an Bord. Ab 1991 erhielten alle in Mexiko gebauten Busse ein erhöhtes Dach, was die Kopffreiheit um beinahe 20 Zentimeter vergrößerte sowie ein neues Armaturenbrett mit Anleihen vom T4. Im neuen, rechteckigen Instrumententräger aus schwarzem Kunststoff fanden sich zwei Rundinstrumente: links der Tachometer, rechts ein optionaler Drehzahlmesser mit Kühlwassertemperatur- und Tankanzeige. Dazwischen zehn Leuchtdioden unterschiedlicher Farben für die elektrischen Verbraucher. Um die Wartung zu erleichtern, gab es nun – ähnlich wie beim T3 und schon beim VW 1500 (Typ 3) zu sehen – eine in die Ladefläche eingelassene Motorklappe. In den darunter verborgenen Tiefen arbeitete allerdings kein Vergaser mehr, sondern eine elektronisch geregelte Einspritzanlage mit entsprechend kontaktloser Zündung. Die Leistung des Aggregats stieg auf 80 PS an. Es blieb aber beim Viergang-Getriebe. Im Laufe des Jahres 1996 endete nach knapp 254.000 gebauten Bussen die T2-Produktion in Puebla, die Produktion wurde auf den »New Beetle« umgestellt. Die Transporter-Fertigungsanlagen wurden eingepackt und im brasilianischen VW-Werk Taubate wieder aufgestellt, was zu einer erheblichen Aufwertung der brasilianischen Busse führte.

Volkswagen do Brasil

In Brasilien hatte Volkswagen 1950 mit einem Montagewerk klein und bescheiden angefangen, drei Jahre später entstand eine kom-

VW Transporter und Busse wurden auch in Nigeria (Bild), Rhodesien, Südafrika, Argentinien und Uruguay montiert. In jedem Fall aber stammten die Teilesätze aus brasilianischer Produktion.

Mittlerweile befindet sich auch in Thika, nahe der kenianischen Hauptstadt Nairobi, ein VW-Montagewerk. Doch dort entsteht lediglich die Stufenheck-Variante des Polo; der Bus stammt aus Südafrika. (Foto: © ETH Zürich, Bildarchiv)

Anders als in Mexiko oder Deutschland entstand in Brasilien der T2 mit den Seitenwänden des T1.

plette Fabrik für zunächst 1000 Wagen im Monat. 1959 schließlich weihte der Staatspräsident höchst persönlich in São Bernardo do Campo bei São Paulo das Werk zur Fertigung von Typ 1 und Typ 2 ein. 1963 war dies mit einem Ausstoß von 239 Volkswagen am Tag die größte Automobilfabrik in Südamerika. Wichtigstes Modell war natürlich der »Fusca«, der Käfer, begonnen hat man aber mit dem Transporter. Gebaut wurde er ab 1957, wobei die brasilianischen Transporter von Anfang an die ab 1955 in Deutschland optionale verbesserte Innenraumbelüftung (erkenntlich am vorderen Dachüberhang) aufwiesen. Schon zu diesem Zeitpunkt lag der Anteil der Teile aus brasilianischer Fertigung bei rund 50 Prozent, Anfang der Sechziger hatte er sich nahezu verdoppelt. Die einzige größere Modelländerung bestand im Wechsel vom 1,2-Liter- zum 1,5-Liter-Motor 1967, ansonsten wurde der Split-Screen-Transporter bis Oktober 1975 praktisch unverändert weitergebaut. Bis auf die Optik haben sie mit den Fahrzeugen aus Hannover nicht viel gemein. Die Nachfolge des T1 trat der T2 an – beinahe zumindest, denn was VW do Brasil förderhin unter dem Begriff »Kombi« verkaufte, war im Grunde genommen ein T1 mit T2-Front, -Türen und -Scheiben. Der Rest entsprach dem Transporter, wie er in Brasilien seit 1957 gebaut wurde, inklusive der kleinen Seiten- und Heckfenster, den Luftschlitzen oberhalb des hinteren Radlaufs sowie den Klapptüren. Einzig echte Neuheit war die Schräglenker-Hinterachse. Für Vortrieb sorgte der 1,6-Liter-Motor mit 50 PS; damit waren jetzt erstmals Geschwindigkeiten von über 100 km/h möglich. Zwei Jahre später folgte eine Zwei-Vergaser-Version mit 56 PS.

Auch in Südafrika entstanden Camper: Die Firma Jurgens, ein Wohnwagenhersteller, begann 1974 damit, gebrauchte Pickups zu Wohnmobilen mit und ohne Alkoven, wie diesen T2 von 1977, umzurüsten. Der Markenname lautete »Auto-Villa«. (Foto: © Andrew Bone, cc-by-sa 2.0)

DER VW BUS T2

Die erste nichteuropäische Weiterentwicklung kam 1981 auf den brasilianischen Markt. Neben der ins Programm aufgenommenen Doppelkabine hielt zudem ein Dieselmotor Einzug in die hinteren Tiefen des Motorraums. Der wassergekühlte Selbstzünder stammte aus dem Wolfsburger Regal, hatte 1,6 Liter Hubraum und entwickelte 50 PS. Anders als in Golf, Jetta und Passat war der Motor nicht geneigt, sondern stehend verbaut. Die dafür erforderlichen Änderungen und Komponenten stammten teilweise aus dem T3-Regal, der ja in Deutschland bereits mit Dieselmotor zu haben war. Zudem kam es zu weiteren Modernisierungen, wie sie schon längst in Europa und auch in Mexiko Gültigkeit hatten. Dazu gehörten Scheibenbremsen vorne, Sicherheitsgurte und einen Revolvergriff-Handbremshebel unter dem Instrumententräger, auch das nun verbaute Lenkrad kannte man aus dem T3. Doch sowohl der Dieselmotor als auch die Doppelkabine waren in Brasilien nicht sonderlich gefragt, beide fielen bereits vier Jahre später wieder aus dem Programm. Außerdem war nun auch eine Variante mit 1,6 Litern im Angebot, die das gesetzlich vorgeschriebene Methanol konsumierte. Brasilianische T2 liefen als Rechtslenker in Singapur und Neuseeland, CKD-Teilesätze lieferte VW do Brasil nach Nigeria, Südafrika, Argentinien und Uruguay.

Nachdem die Transporter-Fertigung nach 413.322 Einheiten in Puebla beendet und die kompletten Fertigungsanlagen in Brasilien wieder aufgebaut worden waren, lief der Typ 2 nach deutschem Vorbild als »Nova Kombi«, höherem Dach und Metallstoßstangen weiter vom Band. Während aber der Transporter für den Export nach Mexiko mit dem 1,8-Liter-Golfmotor bestückt wurde, mussten sich brasilianische Käufer mit dem wackeren 1,6-Liter-Boxer begnügen. Nur die allerersten Kombi – in Brasilien hießen alle T2 so, gleich welcher Ausführung – hatten Einfachvergaser, alsbald wurde das luftgekühlte Aggregat von der Bosch MP9-Digifant-Einspritzanlage versorgt und hatte einen modifizierten Ventiltrieb. Die Leistung lag nun bei 58 PS bei 4200/min, das maximale Drehmoment von 111 Nm bei 2600 Umdrehungen. Es blieb aber bei der archaischen T1-Vorderachse – immerhin, nun mit Scheibenbremsen. Spitzenmodell war der gleichfalls aus Mexiko übernommene »Carat« mit seitlichen Schiebefenstern, netterer Inneneinrichtung, Coloverglasung und dergleichen mehr: Der T2 versuchte auch in Brasilien, sein Handwerkerimage loszuwerden.

Von 2006 bis 2013 entstand der T2 Kombi mit einem 1,4 Liter großen, wassergekühlten Vierzylinder.

Von 1983 bis 1988 baute Volkswagen, ohne großen Erfolg, in Brasilien den T2 mit einem Dieselmotor.

Diese Aufnahme aus dem Jahre 1975 entstand im Umfeld der brasilianischen Metropole Sao Paulo. Schön zu sehen ist die Kombination aus T2-Front und T1-Seitenteilen, welche die Brasilien-Busse so einzigartig macht. (Foto: © Kátai Gyuláné, Fortepan)

Nachdem 1995 die T2-Produktion in Mexiko eingestellt worden war, lief der T2 ab 1997 in Brasilien vom Band.

Mit dem auf 200 Stück limitierten Kombi-Sondermodell »Prata« endete 2006 diese Ära bei VW do Brasil.

DER VW BUS T2

Für echte Malocher hielt VW weiterhin die bisherigen, nicht modernisierten Ausführungen mit Pritsche und Kasten im Programm, die aber im Jahr 2000, beziehungsweise 2002 ausliefen. Fortan gab es nur noch den Kombi-Standard (Fensterbus und Kastenwagen), Kombi Carat (7-Sitzer), Kombi-Escolar (Schulbus) und Lotacao (12-Sitzer). Im Dezember 2005 läutete die auf 200 Fahrzeuge limitierte Auflage des Sondermodells »Prata« das Ende der luftgekühlten Boxer ein. Der Kombi trug Sonderlack und hatte eine besondere Ausstattung.

Ab 2006 gab es den Kombi nur noch mit einem 1,4 Liter großen, wassergekühlten Vierzylinder. Je nach verwendeter Treibstoffsorte – Benzin oder Alkohol – leistete er 78 oder 80 PS bei jeweils 4800/min. Nahezu unverändert lief der T2 in den Folgejahren mit einer Produktionszahl von rund 25.000 Fahrzeugen jährlich von Band. Größere Modellpflegemaßen blieben aus, verschärfte Zulassungsbestimmungen stempelten den Veteranen zum Auslaufmodell. In Brasilien waren von allen Generationen zusammen etwa 1,12 Millionen Transporter gebaut worden, die letzten liefen im September 2013 vom Band, denn verschärfte Sicherheits- und Emissions-Bestimmungen bescherten dem Klassiker sein endgültiges Aus. Diese »Last Edition« setzte den finalen Schlusspunkt – mit zweifarbigem Sonderlack, Weißwandreifen, getönten Fenstern, Heckscheibenheizung und speziellen Dekoraufklebern (»56 anos – Kombi Last Edition«). Die Sonderserie war auf 1200 Stück limitiert, jedes Fahrzeug erhielt eine Plakette auf dem Instrumententräger. Natürlich fanden sich auch im Innenraum des Siebensitzers zahlreiche Leckereien wie Vorhänge aus blauem Stoff, zweifarbige Kunstleder-Sitzbezüge und Teppiche für Fahrgast- und Gepäckraum. Insgesamt wurden rund 355.000 des sogenannten T2c gebaut.

An den Seiten und Heck kennzeichneten besondere Aufkleber die Sonderserie »56 anos - Kombi Last Edition«.

Die Sonderserie Last Edition setzt mit 1200 Fahrzeugen im September 2013 den finalen Schlusspunkt unter die Fertigung des T2. Diese Generation war in Brasilien insgesamt 46 Jahre lang gebaut worden, auf immerhin zehn Jahre brachte es der T1 im Land des Karnevals.

Unverändert blieben über die Jahre die senkrecht stehenden Mehrkammerrückleuchten des T2b.

Ab dem 1. Januar 2014 mussten alle Neuwagen ABS und Airbag aufweisen, das lohnte sich für den T2c nicht mehr.

Das allerletzte T2c-Sondermodell trug die Nummer 1200 und wurde nicht verkauft, sondern in einem Überseecontainer verstaut und erst in der Oldtimer-Werkstatt von Volkswagen Nutzfahrzeuge (VWN) in Hannover ausgepackt.

DER VW BUS T3
1980 - 1992

Die dritte Transporter-Generation war die erste, die mit dem Ur-Käfer nicht viel mehr gemeinsam hatte als die Tatsache, dass die vorläufig noch luftgekühlten Motoren im Heck platziert saßen. In allen anderen Belangen unterschied sich die Generation T 3 von ihren Vorgängern. Das erste, völlig neu entwickelte Transportermodell von Volkswagen war kantiger, moderner, sicherer und geräumiger als je zuvor, punktete mit Dieselmotor wie auch Allradantrieb und etablierte die Aufsplitterung der Baureihe in robuste Nutzfahrzeuge auf der einen und komfortable Großraum-Personenwagen auf der anderen Seite. Zunächst offiziell als »T2-Modell ´80« bezeichnet, brachte es der »VW-Bus für die achtziger Jahre«, wie das Fachmagazin »lastauto omnibus« lobte, auf eine Bauzeit von 13 Jahren und rund 1,3 Millionen Stück.

H VW 253

Frühe T3-Modelle hatten runde Scheinwerfer und verchromte (oder schwarz pulverbeschichtete) Stoßstangen mit Kunststoffkappen.

Merkmal aller luftgekühlten T3-Modell war der fehlende zweite Grill zwischen den Blinkern, der bei WBX-Versionen den Kühler verbarg.

Der »Bus«-Neunsitzer wurde im April 1979 in »L«-Ausstattung der Presse vorgestellt. Die Kopfstützen für alle Passagiere kosteten noch Aufpreis, die Heckfenster-Schutzstangen aus poliertem Aluminium gab's serienmäßig.

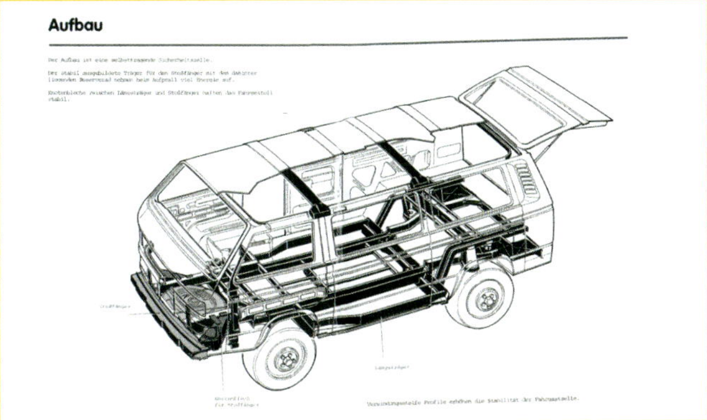

Beim EA162, dem späteren T3 wurde die Vorderachse durch Doppelquerlenker geführt, während die Hinterachse als Schräglenker-Konstruktion ausgeführt wurde.

Wer erwartet hatte, dass beim neuen Transporter die Pferde ganz zeitgemäß vorne zogen, sah sich getäuscht: Wie eh und je huldigte auch der neue Transporter dem alten Heckmotor. Das war zwar nicht im Sinne der Nutzfahrzeug-Entwickler um Gustav Mayer, dafür aber in dem von VW-Boss Toni Schmücker, der am Himmelfahrtstag 1975 entschieden hatte, das Heckmotor-Prinzip beizubehalten. Randolf Unruh schreibt darüber in seinem Standardwerk zur Geschichte des Typ 2 (VW Bus/Transporter – Die Geschichte eines Welterfolgs): »Aufgrund seiner besonderen Bauweise und technischen Merkmale zählte Schmücker den Transporter zu den Einzel-Produkten ohne direkte Konkurrenz.« Was Mitte des Jahrzehnts – auch aus Mangel an geeigneten Frontmotoren – noch ganz logisch schien, erforderte zum Ende der Dekade, als das Unternehmen sehr wohl entsprechende Triebwerke im Angebot hatte, von den VW-Presseleuten eine ganze Menge Verbalakrobatik. Schließlich galt es, ein eigentlich schon ad acta gelegtes Antriebskonzept zu verteidigen. Man berief sich auf eine »konsumenten-orientierte Nutzwertanalyse«, sprach von »zwölf möglichen und zum größten Teil im Markt angebotenen Fahrzeug- und Antriebsbauarten«, die man untersucht und nach Kriterien wie »Kosten, Fahreigenschaften, Raumnutzungsgrad, Größe der belegten Verkehrsfläche, Komfort, Fahrzeugsicherheit, Eignung für unterschiedliche Einsatzzwecke und Image« bewertet habe. Der Lohn der ganzen Mühen bestand im guten alten Heckmotor-Konzept, das sich »in der Klasse für 1 Tonne Zuladung« (allerdings nur »unter Berücksichtigung von Flachmotoren für den Unterflureinbau«) als beste Gesamtlösung herauskristallisiert habe. Und auch wenn es heute so wirkt, als ob VW aus der Not eine Tugend machen wollte: Die dritte Transporter-Generation, Entwicklungsauftrag (EA) 162 war zwar Endpunkt der Heckmotor-Entwicklung, aber keineswegs veraltet.

Die Motorabdeckung war um 165 mm niedriger, dadurch wuchs die Heckklappenöffnung um 75 Prozent.

Alles neu: Fahrwerk und Karosserie

Bei der Gestaltung der Frontpartie hatten die Stylisten an den größeren VW LT (»Leicht-Transporter«) -Modellen Maß genommen. Es gehörte nicht viel Phantasie dazu, um hinter dem Transporter mit dem breiteren Grill und den integrierten Scheinwerfern den noch kantigeren LT zu entdecken. Das neue Karosseriekleid war um 125 mm breiter geschnitten als noch beim T2, die Gesamtbreite lag nun bei 1845 mm, während sich Länge und Breite nur minimal änderten. Warum das so sein musste, erklärten die VW-Techniker mit den Anforderungen bestimmter Exportmärkte wie in Skandinavien und den Beneluxstaaten, die vorn Platz für drei forderten. »Mit seinen 1,85 Metern ist er aber nicht mehr ganz so handlich wie das alte Modell«, stellte mot in einem ersten Test fest, um dann tröstend fortzufahren: »Beim Ein- und Ausparken gleicht der um zwei Meter kleinere Wendekreis [10,7 m statt 12,5 m] die größere Breite allemal aus.« Diese verbesserte Handlichkeit ging einerseits auf das Konto der neuen, sehr präzisen Zahnstangenlenkung, andererseits auf das des neuen Fahrwerks – vorne nun an Doppelquerlenkern, Federbeinen und Stabilisator, hinten an der seit 1967 (und aus dem Vorgänger bekannten) bewährten Schräglenker-Hinterachse, verfeinert durch die sogenannten Miniblock-Schraubenfedern, die für ein besseres Ansprechverhalten sorgten.

Der Transporter kam normalerweise auf eine Höhe von 1960 mm, mit Hochdach auf 2360 mm.

Dass der neue Bus satter auf der Straße lag, war nicht zuletzt auch ein Verdienst der vergrößerten Spurbreite, die vorn von 1395 auf 1585 mm und hinten von 1455 auf 1570 mm gewachsen war. »Bis in den Bereich der Grenzgeschwindigkeiten zeichnet sich der neue Transporter aus Wolfsburg durch ein neutrales, gutmütiges Fahrverhalten aus«, behaupteten die Wolfsburger, und erhielten Unterstützung durch auto motor und sport: »Das Kurvenverhalten des VW Bus profitiert nicht nur von den geänderten Achsen, sondern auch von der breiteren Spur und der besseren Achslastverteilung«. Auch das ebenfalls in Stuttgart ansässige Schwesterblatt mot lobte das Fahrverhalten: »Kein Trampeln der Hinterräder oder Schlingern des beladenen Hecks, womit der Vorgänger in schnell gefahrenen Kurven gern überrascht. Kein unruhiger Geradeauslauf.«
Die Konstrukteure nämlich hatten, um Platz im Heck zu schaffen, Kraftstofftank und Starterbatterie in den Vorderwagen verlegt, was 51 Prozent des Gewichts auf die Vorder- und 49 Prozent auf die Hinterachse brachte. Außerdem wanderte das Reserverad in eine Wanne unter dem Wagenboden. Die Seitenneigung und die Tendenz zum Übersteuern konnten so noch weiter abgebaut werden. Die Qualität der Fahreigenschaften rückte damit noch etwas dichter an das Personenwagen-Niveau. Dieses Prädikat ließ sich auch mit Fug und Recht auf die Innengestaltung übertragen. Verschwunden war das nüchtern-graue Zweckambiente, Armaturenbrett und Fahrerhausgestaltung erinnerten deutlich an Golf, Passat und Co: Vertraute Armaturen aus dem Konzernregal, übersichtlich angeordnet und ergonomisch durchdacht. Die Bremsanlage mit Festsattelscheibenbremsen an der Vorderachse und selbstnachstellenden Trommelbremsen hinten stammte dagegen noch vom Vorgänger, die 2-Liter-Modelle verfügten außerdem über einen Bremskraftverstärker.

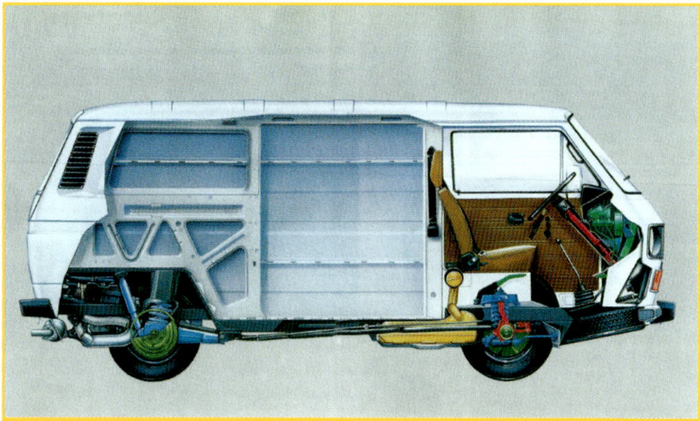

Das Schnittmodell dieses T3 zeigt noch die frühe Variante mit luftgekühltem Boxer-Motor.

Erstmals mit Computerunterstützung

Die Bodengruppe des neuen Transporters war am Computer entstanden. Sie senkte – im Vergleich zum Vorgänger – die Einstiegshöhe um 100 mm ab und verzichtete auf die bisher gebräuchlichen Querträger. Das hielt den Fahrzeugschwerpunkt niedriger und half, Gewicht zu sparen; der Kastenwagen mit 1,6-Liter-Motor kam auf ein Leergewicht von 1365 kg. Bei einem zulässigen Gesamtgewicht von 2360 kg durfte also knapp eine Tonne zugeladen werden. Mit 2-Liter-Maschine brachte der T3 fahrfertig 30 kg mehr auf die Waage. Bei der Gelegenheit war auch der Radstand vom bislang Käfer-üblichen Maß von 2400 mm auf 2460 mm geändert worden. Und weil man das Chassis sowieso von Grund auf neu konstruierte, berücksichtigte man auch zum ersten Mal die aktuellen Erkenntnisse aus der Sicherheitsforschung: Der T3 war der erste Transporter mit einer »Knautschzone«. Die gabelförmig verstärkte vordere Rahmenbodengruppe mit einem über die gesamte Wagenbreite verlaufenden Deformationselement verstärkte die passive Sicherheit ebenso wie die Verstärkungen in den Türen sowie die geteilte Lenksäule. Außerdem waren die Verankerungen für die Sitzgurte im Fahrerhaus und im Fahrgastraum bei der Festlegung der Grundkonstruktion bereits berücksichtigt worden. Das erhöhte Sicherheitsniveau führte zu einem um 100 mm längeren Vorderwagen. Die Crashtests mit Tempo 50 km/h gegen eine Betonwand, Kollisionen mit Pkw und ein

Auch beim T3 lag die Pritsche wegen des Heckmotors relativ hoch. Um kostbares Gut zu sichern, gab es wieder seitliche »Tresorfächer«.

Der US-T3 wurde als »Vanagon« insgesamt 135.384 Mal verkauft. Je nach Baujahr gab es ihn als Basis, L und GL.

Der neue Kastenwagen kam auf ein Leergewicht von 1385 Kilogramm, mit dem luftgekühlten 1,6-Liter-Motor waren nicht mehr als 110 km/h möglich. Der stärkere LBX (Luftboxer) mit 70 PS schaffte mit viel Mühe eine Spitze von 127 km/h.

Bis zum Erscheinen des Caravelle bildete der Fenster-Bus mit Sitzbänken die einzige Möglichkeit zum Personentransport.

Der T3 fuhr sich dank des steil stehenden Lenkrads wie ein Pkw. Der Wendekreis lag bei 10,7 Meter.

Der T3 war in vielen Varianten lieferbar, als Kastenwagen, als Kombi mit und ohne Bestuhlung, als Sieben-, Acht- und Neunsitzer Bus, als Bus in Luxusausführung, als Pritschenwagen, Großraumpritsche und als Doppelkabine. Davon abgeleitet wurden zahlreiche Sonder- und Spezialfahrzeuge wie Feuerwehren, Krankenwagen, Thermos- und Kühlfahrzeuge, Verkaufswagen, Kipper, Fahrzeuge mit Hubeinrichtungen und, natürlich, Autos für Freizeitsportler und Familien.

Im hauseigenen Sonderfahrzeugbau wurden Transporter für Behörden und Großkunden ausgerüstet.

Überschlag mit ebenfalls 50 km/h (initiiert vom Katapultwagen aus) bestand der neue T 3 ebenso wie den nach US-Vorschriften durchgeführten Test mit 64 km/h frontal auf einen stehenden Pkw: Im Vergleich zu anderen Frontlenker-Konstruktionen bot der Wolfsburger ein herausragendes Sicherheitskonzept.
Der T3 ging gleich in fünf Varianten an den Start, als Pritsche, Doppelkabine, Kasten, Kombi und Bus mit sieben, acht oder neun Sitzen. Ab Werk waren die Personentransporter in zunächst sieben Zweifarben-Lackierungen zu haben, die Lastwagen in neun Farbtönen.

Alte Bekannte

Wie eh und je werkelten im Fahrzeugheck luftgekühlte Vierzylinder-Vergasermotoren. Neben dem 1,6-Liter-Boxermotor mit 50 PS und einem maximalen Drehmoment von 104 Nm bei 2400/min stand auch die schon aus dem Vorgänger (und dem Porsche 914) bekannte 2-Liter-Maschine mit 70 PS und zwei Vergasern sowie einem maximalen Drehmoment von 140 Nm bei 3000/min zur Wahl. Sie kostete einen Aufpreis von 1125 Mark, wer die Getriebeautomatik orderte, musste noch einmal 1543 Mark zusätzlich berappen. Beide Motoren waren im Prinzip alte Bekannte, hatten also Leichtmetall-Kurbelgehäuse, Grauguss-Zylinder mit Alu-Kopf, eine zentrale Nockenwelle, hängenden Ventile und einen Ventiltrieb über Kipphebel und Stößelstangen. Neu an beiden war aber der Umstellung auf hydraulische Stößel (die eine Ventilspielkontrolle überflüssig machte), eine elektronische Zündung und die digitale Leerlaufstabilisierung (DLS). Diese hielt die Leerlaufdrehzahl konstant, um Kraftstoffverbrauch und Emissionen zu senken.

Tiefere Eingriffe erhielt der 1,6 Liter-Motor, bei ihm wurden, analog zu der seit 1972 lieferbaren 2-Liter-Maschine, das Kühlluftgebläse an die Kurbelwelle gesetzt. Luftfilter, Drehstrom-Generator, Zündverteiler und Kraftstoffpumpe wurden ebenfalls versetzt und seitlich angeordnet. Dadurch fiel das Motorabteil deutlich niedriger aus, 200 mm konnten dem Gepäckraum zugeschlagen werden: »Damit haben es die Konstrukteure des Volkswagenwerkes geschafft, die Höhe des Wagenbodens über dem Motorraum in etwa auf das Maß von Fahrzeugen mit klassischer Antriebsart (Motor vorn, Hinterachsantrieb) herunterzudrücken«, klopften sich die VW-Techniker selbst auf die Schulter, auch auto motor und sport applaudierte und bescheinigte dem Bus, hinter der letzten Sitzreihe ein »geradezu gigantisches Gepäckabteil« aufzuweisen, das dank der größeren Öffnung – 75 Prozent laut Werk – und der größeren seitlichen Schiebetür (bei der man sich an dem für den LT entwickelten System orientierte) auch deutlich besser zugänglich war.

Bei einer Achsübersetzung von 5,43 erreichte der Transporter mit 1,6-l-Motor laut Werk 110 km/ h, der mit 7,5 verdichtete Zweiliter-Boxer schaffte ein Höchstgeschwindigkeit von 127 km/h, mit Automatik 122 km/h. mot maß bei ersten Fahrtests sogar eine Spitze von bis zu 135 km/h, notierte dabei aber Verbräuche von bis zu 16,5 Litern, was am sehr kurz übersetzten vierten Gang lag: »Die rechte Fahrfreude und der günstige Testverbrauch von knapp 13 Liter stellen sich … auf kurvenreichen Landstraßen ein.«

»Wasserboxer« und Diesel-Transporter

Die Transporter-Motoren galten als trinkfeste Gesellen, und die kastenförmige Stirnfläche tat wenig dazu, den Spritdurst zu zügeln. Doch, um der Wahrheit die Ehre zu geben: die zahllosen Stunden im Wolfsburger Windkanal verschlechterten den Luftwiderstandsbeiwert gegenüber dem Vorgänger auch nicht. Er lag bei 0,44, zeitgenössische Limousinen waren auch nicht besser. Daher verpflanzte Volkswagen bereits ein Jahr nach der T3-Premiere den 1,6-Liter-Dieselmotor aus dem VW Golf in den Transporter. Um ihn in den flachen Motorraum einzupassen, hatte man den um vier auf 50 PS (37 kW) gedrosselten Reihenvierzylinder um 50 Grad links zur Seite geneigt: »Nicht durstig, nicht laut, nicht teuer: der neue Diesel-Transporter ist da«, pries das Werk, und vergaß zu erwähnen: Schnell oder leistungsstark war er auch nicht. Dafür aber konnte er aus dem Konzernbaukasten übernommen werden und passte ohne große Änderungen – abgesehen von einer neuen Motoraufhängung – in das Motorabteil. Der wassergekühlte Selbstzünder erhöhte das Fahrzeuggewicht um gut 100 Kilogramm, und um das Kühlmittel zirkulieren zu lassen, verlegten die Entwickler in jedem Bus 16 Meter Leitungsrohre für den Kühlkreislauft. Die Kombination wurde zunächst von der Post erprobt, im Schnitt sank der Treibstoffverbrauch um über ein Drittel. Und auch wenn der Diesel-T3 bestenfalls mäßige Fahrleistungen anbot – im Test benötigte er fast 40 Sekunden bis zur 100 km/h-Marke, so schlug er sich im Fahrbetrieb wacker, denn das »objektive Fahrgefühl« war, so das Fazit des Bus-Tests 1981, »wesentlich besser, als die Messwerte vermuten lassen«. In Zeichen stetig wachsender Treibstoffpreise – die Weltwirtschaft litt noch unter den Folgen der sogenannten »Zweiten Ölkrise« 1979/80 – stiegen die Bestellungen für einen Diesel innerhalb kürzester Zeit auf 50 Prozent: Praktisch jeder, der seinen Transporter, Kombi oder Bus gewerblich nutzte, stieg auf den Selbstzünder um. Auf den ersten Blick zu erkennen waren die Diesel-Volkswagen am zusätzlichen Lufteinlassgitter oberhalb des Stoßfängers.

Doch dieses Alleinstellungsmerkmal verloren die Selbstzünder bald wieder, denn zum Modelljahr 1983 endete in Hannover die Ära der luftgekühlten Boxermotoren: Im September 1982 brachte das Volkswagen-Werk zwei neue wassergekühlte 1,9-Liter-Boxermotoren (WBX) zum Einsatz. Luftgekühlte Boxer-Motoren (LBX) entstanden nun lediglich noch in Südafrika. Die neue Basismotorisierung bestand aus dem 1,9-Liter-Motor mit Einfachvergaser. Seine Leistung betrug kümmerliche 60 PS bei 3700/min, das maximale Drehmoment von 140 Nm lag bei 2200/min an – kaum genug um auf der Autobahn, so ein Magazin, mehr als nur »eine Spur schneller als Lastzüge« sein zu wollen. Mit Pierburg-Fallstrom-Registervergaser, angepassten Ansaugwegen und geänderter Nockenwelle stieg die Leistung auf 78 PS und das Drehmoment auf 150 Nm bei 2600/min. Jedes dieses Mehr-PS kostete 33,33 Mark, und insbesondere Privatkunden taten gut daran, diese 600 Mark zu investieren, die den Fahrspaß im Bulli wesentlich erhöhten. Angenehmer Nebeneffekt: Es wurde schneller warm im Innenraum, die Heizung nutzte die Abwärme des zirkulierenden Kühlwassers. Außerdem gab es ein enger gestuftes Getriebe, jetzt mit fünfter Fahrstufe – anfangs keine überzeugende

Im September 1980 hielt beim T3 das wassergekühlte Dieseltriebwerk aus dem VW Golf Einzug, erkennbar am zweiten Grill.

Der T3 (hier 1988) wurde mit Doppelkabine, Pritsche, Großraumpritsche, Kasten und Bus angeboten.

Im Jahr 1986 lief der sechsmillionste Transporter vom Band. VW-Chef Hahn hielt die Laudatio.

Im September 1985 präsentierte Volkswagen den Multivan mit Westfalia-Ausbau. Diese Mischung aus Bus und Wohnmobil fand großen Zuspruch, so dass dieses »kostengünstige Familienfahrzeug« ab 1986 die Transporter-Palette dauerhaft ergänzte.

Das Sondermodell »Magnum« basierte auf dem Multivan. Zum Modelljahr 1989 vorgestellt, kombinierte es die Multivan-Einrichtung – zu der auch eine Kühlbox gehörte – mit der Optik des Carat. Carat-Details waren auch Kennzeichen des Caravelle Coach, einem anderen Sondermodell.

Das Nonbusultra: Der B32, der in 22 Exemplaren gebaute T3 Caravelle mit dem Sechszylinder aus dem Porsche 911.

Leichtmetallräder und Doppelscheinwerfergrill waren anfangs nur beim Caravelle Carat serienmäßig.

Bei Steyr-Daimler-Puch in Österreich entstanden zwischen 1990 und 1992 der Syncro und die »Limited Last Edition«.

Alternative zur bisherigen Viergang-Schaltung, weil »weit von dem bei VW üblichen Standard entfernt«. Auch nicht so recht erfreulich: Die Wasserboxer waren außerordentlich trinkfreudig und genehmigten sich im Schnitt gut 10 Prozent mehr als die luftgekühlten Aggregate. Im Laufe der Jahre gesellten sich weitere Triebwerks-Alternativen dazu: Im Modelljahr 1985 gab es den 1,9 Liter Otto-Motor auch mit 90 PS und digitaler Einspritzanlage Digijet, doch bereits bei seiner Vorstellung war klar, dass im Frühjahr ein 2,1 Liter mit 112 PS kommen würde. Diese Top-Motorisierung blieb zwar zunächst nur dem »Caravelle Carat« vorbehalten, war aber ab 1986 für alle Transporter und Bus-Modelle (die nun »Caravelle« hießen) erhältlich. Mit geregeltem Katalysator und Einspritzanlage kam er dann auf 95 PS bei 4500/min. Das Drehmomentmaximum betrug 154 Nm bei 2800/min. Der 90 PS starke Benziner verschwand mit dem Erscheinen des 2,1 Liter wieder aus den Lieferlisten. Der gleichzeitig eingeführte Turbodiesel mit Bosch-Einspritzanlage und KKK-Lader dagegen blieb bis zur Produktionseinstellung im Programm. Mit unverändertem Hubraum leistete der TD 70 PS. Die flach verlaufende Drehmomentkurve wies bereits bei 2500 Umdrehungen pro Minute 138 Nm aus. 1986 wurde der Saugdiesel aufgestockt, er hatte nun einen Hubraum von 1,7 Liter und leistete 57 PS bei 4500 Umdrehungen pro Minute, sein maximales Drehmoment von 103 Nm entwickelte er bei 2800/min. Für den 78-PS-Motor und den Einspritzer war auf Wunsch ein Dreigang-Automatikgetriebe lieferbar. Den ab 1985 erhältlichen Allrad-Transporter mit der Verkaufsbezeichnung »Syncro« gab es nur mit 2,1-Liter-Aggregat, mit Katalysator betrug dessen Leistung 95 PS bei 4800 Touren.

Vom Caravelle zum Multivan

Bekanntlich hat Volkswagen im Transporter von Anfang an mehr gesehen als einen Stückgut-Frachter. Die Vermarktung als Großraum-Pkw und Kombi-Alternative für Privatpersonen begann aber eher zögerlich, auch der »Samba« war als Luxusbus für Busunternehmer, Hotels und sonstige gewerbliche Nutzer konzipiert worden, nicht als Alternative zum Personenwagen. In der zweiten Generation änderte sich an dieser Auffassung zunächst nur wenig. Die Nachfrage nach T2-Bussen aber stieg, insbesondere auf dem extrem wichtigen US-Markt. Darauf reagierte Volkswagen mit stetigen Ausstattungsverbesserungen; besonders fein hergerichteten Busvarianten hießen zunächst »Clipper«. Doch auf diese Bezeichnung verzichtete VW nach einem Rechtsstreit mit der US-Fluggesellschaft Pan Am und begnügte sich mit einem nachgestellten, nüchternen »L« für »Luxus«. In den Siebzigern diente jeder zweite Transporter, der das Werk in Hannover-Stöcken verließ, dem Passagiertransport, doch nur wenige Privatkunden erwarben ihn als Familienauto. Und selbst das silbermetallic lackierte Sondermodell von 1978 mit Vollausstattung inklusive Schiebedach und dunkelblauem Velours-Interieur war nichts anderes als ein Malocher im Edelzwirn. Tatsächlich löste Volkswagen sein schon in den Sechzigern gegebenes Werbeversprechen (»Neuer Volkswagen Transporter – wie ein Pkw«) erst mit den T3-Bussen ein, die eine ganze Menge Pkw-Atmosphäre verströmten – was an der tieferen Sitzposition und dem besser positionierten Lenkrad lag – »einfach mehr wie im Auto als im Lastwagen«. Und weil das

Armaturenbrett im Personenwagen-Stil auch die »letzten Reste von gewerblichem Nutzbaustil« verwischte, wurden die bisherige Bus-Ausführungen in den Rang einer eigenständigen Modellreihe erhoben und unterstrichen das durch die Bezeichnung »Caravelle«. Erste Vertreter dieser Auffassung vom Bus als Großraum-Personenwagen war das gleichnamige Siebensitzer-Sondermodell vom September 1982 mit besonders wohnlicher Innenausstattung mit Kopfstützen und Armlehnen für alle sieben Sitze und Velours-Teppich. Zur Serienausstattung zählten außen eine Zwei-Farben-Lackierung sowie Stoßfänger mit Gummileisten und ein Heckscheibenwischer. Doch es ging noch nobler: 1985 folgte der sechssitzige »Caravelle Carat« mit Leichtmetallfelgen auf Breitreifen, Servolenkung, Frontspoiler, Rechteck-Doppelscheinwerfer, tiefergelegtem Fahrwerk, Velourseinzelsitzen und weiteren Ausstattungsoptionen, das Sondermodell Caravelle Coach trat 1987 dessen Nachfolge an.

Die Syncro-Erprobung fand auch in der Wüste statt, wie auf dieser Aufnahme von 1982 zu sehen ist.

Noch eindeutiger als Großraum-Familienwagen positioniert war 1985 auf der Internationalen Automobil-Ausstellung (IAA) in Frankfurt präsentierte »Multivan«. Zunächst als Studie angekündigt, dann aber wegen der großen Nachfrage offiziell in das VW-Programm aufgenommen, handelte es sich dabei um einen Joker ohne Küchenzeile, der in der Nische zwischen den freizeitorientierten Westfalia-Campern und den achtsitzigen Kleinbussen der Caravelle-Reihe parkte. Das jüngste Mitglied der Bus-Palette empfahl sich als »Familien-, Reise-, Freizeit-, Hobby-, Schlaf- und Stadtwagen«. Der Familien-T3 bot Platz für bis zu sechs Personen, verfügte über einen Einzelsitz mit Staufach im Fond, eine Dreier-Sitzbank mit Stauraum, die sich mit einem Griff in einer Liegefläche verwandeln ließ, einen Klapptisch und eine Kühlbox. Vollends zum Kult avancierte der Multivan T3 als Sondermodell. 1988 debütierte zuerst der Multivan »Magnum« mit Doppelscheinwerfern und massiven Stoßfängern im Stil des Caravelle Carat, 1989 folgten der »Bluestar« und »Whitestar«, jeweils mit Magnum-Front, Sportfahrwerk und Leichtmetallrädern. Den krönenden Abschluss schließlich bildete der Multivan als »Limited Last Edition«, in einer Auflage von 2500 Exemplaren gebaut und entstanden in einer Zeit, als der T4 bereits seit zwei Jahren gebaut wurde. Weil die limitierte Auflage so schnell weg ging, fertigte man danach noch ein paar Hundert Busse mit LLE-Ausstattung, jedoch unter den Labels »Bluestar« und »Redstar«. Diese Fahrzeuge gingen nie in den offiziellen Verkauf und sind heute sehr begehrt. Insgesamt wurden rund 45.000 Multivan produziert und jeder einzelne hatte unterstrichen, was die VW-Presseabteilung bei der Premiere 1985 verkündet hatte: »Mit seinem hochwertigen Fahrwerk fährt er sich wie ein Pkw und ist handlich wie ein Pkw. Durch seine ideale Bauweise und durchdachte Raumaufteilung hat er jedoch weit mehr Platz. Und die Ausstattung ist sein besonderes Plus.«

Der Syncro

Beim ersten ausführlichen Test des Transporters in der Bus-Topausstattung 2,0 L im Spätjahr 1980 findet sich eine Anmerkung, die leicht überlesen wurde. Denn während auto motor und sport einerseits das ausgewogene Fahrverhalten lobte, vermisste es andererseits »die enorm guten Winter- und Geländeeigenschaften«, die nun

Die normale Pritsche hatte Räder der Dimension 185 R 14, der Syncro 195 R 16, jeweils auf 5,5 Zoll breiten Stahlfelgen.

Die Sperren des Syncro (vorne, hinten, oder an beiden Achsen) ließen sich vom Cockpit aus betätigen.

Der 16-Zoll-Syncro hatte andere Querlenker, die den Radstand um 20 mm verlängerten. Erforderlich waren auch größere Radkästen, stärkere Antriebswellen, größere Gleichlaufgelenke, Scheibenbremsen mit größerem Durchmesser sowie ein verstärktes Fahrwerk.

Bei der tornadoroten »Magma«-Studie von 1986 handelt es sich um eine Doppelkabine mit Allradantrieb und allerlei Zubehör. Sie diente als Prototyp der späteren »Tristar-Serienmodelle.

Kein anderer Transporterhersteller beherrschte so perfekt das Zusammenspiel von Motorvarianten und Ausstattungs- und Antriebskonzepten. Der »Tristar« von 1988 war die Luxusversion der Doppelkabine mit Allradantrieb. Zu den Features gehörten Leichtmetall-Bordwände, »Carat«-Stoßfänger, Bügel, Rammschutz und Seilwinde. Außerdem handelte es sich um einen Viertürer.

Um die fehlende Achsverschränkung ausgleichen zu können, waren Sperrdifferenziale lieferbar.

»etwas abhanden gekommen« seien. Doch Transporter-Entwickler Henning Duckstein beruhigte die Stuttgarter Tester: »Warten Sie mal ab, bis wir den Bus mit Allradantrieb bauen.«

Die Entwicklung des Allradantriebs mit variabler Kraftverteilung zwischen Vorder- und Hinterachse erledigte im VW-Auftrag Steyer-Daimler-Puch, die Allrad-Spezialisten aus Österreich. Die Grazer verfügten überdies über entsprechende Produktionskapazitäten, sie übernahmen letztlich die Fertigung, wobei Karosserien und Motoren aus Hannover zugeliefert wurden. Zentraler Punkt im Lastenheft war die Forderung gewesen, ein voll geländetaugliches Straßenfahrzeug zu bauen, das aus Kostengründen möglichst viele Gleichteile verwenden sollte. Stärke Eingriffe in die Grundkonstruktion und die Anfertigung neuer Presswerkzeuge sollte bitteschön unterbleiben. Also gab's keine neue Bodengruppe, aber eine geniale Allrad-Konstruktion mit Viskosekupplung und zwei Kupplungslamellen-Paketen. Das eine saß am Stumpf der Kardanwelle, das andere auf der Welle im Vorderachsgetriebe. Bei steigender Drehzahldifferenz zwischen Vorder- und Hinterachse (oder auch zwischen Antrieb und Abtrieb) versteifte sich das Silikonöl und wirkte auf die Kupplungspakete, die so über den Mitnahmeeffekt zum Kraftschluss gezwungen wurden: Je größer der Schlupf an den Hinterrädern, desto höher der Druck und desto starrer der Durchtrieb. So konnte über die Visko-Kupplung die Motorkraft verteilt werden. Das Ganze erfolgte mit einer für Allradfahrzeuge bis dahin nie gekannten Geschmeidigkeit, auto motor und sport sprach von einer »unauffälligen Mühelosigkeit«, mit der sich »fast jeder Weg der Erde« bezwingen ließe.

Nur eine neue Vorderachse

Während die Vorderachse neu konzipiert worden war und mit einem Fahrschemel versehen, fanden an der Hinterachse lediglich andere Federn und härtere Dämpfer Verwendung. Das bei permanenten Allradkonstruktionen übliche Zwischendifferential war überflüssig, das sparte Bauteile und freute die Kaufleute. Dafür aber mussten die nun die Kosten für einen mehrteiligen Unterfahrschutz in der Kalkulation berücksichtigen, und die Verwendung einer mit 6,03:1 ausgelegten Geländeuntersetzung zum Standard-Vierganggetriebe. Die gesamte Allradtechnik erhöhte das Leergewicht des rund 60 mm hochgebockten Transporters um etwa 140 Kilogramm. Die Nutzlast sank aber dann auf 800 Kilogramm. Häufigere Geländeeinsätze sprachen für den Einbau der rund 2000 Mark teuren, elektrisch zuschaltbaren Differentialsperren und die Anschaffung des »Schlecht-Wege-Pakets« mit verstärkten Manschetten und Antriebswellen, einem Schwingungsdämpfer im Antriebsstrang sowie diverse Versteifungen der Karosserie. Dann kam der Syncro auf eine Bodenfreiheit von 235 Millimetern statt der sonst üblichen 190 Millimeter, schaffte Böschungswinkel von 22 und einen Rampenwinkel von 24 Grad – das reichte für ziemlich fiese Geländepassagen. 1985 wurde der erste Transporter und der Caravelle (so hieß inzwischen die Busversion) mit Allradantrieb vorgestellt, zwei Jahre später boten VW und Steyr zusätzlich eine Variante mit 16 Zoll großen Rädern und einer um 25 mm höheren Bodenfreiheit an. Serienmäßig mit an Bord war auch eine standfestere Bremsanlage, Teile aus dem Schlecht-Wege-Paket und das bei den 14-Zoll-Syncro

Nach Ende der T3-Produktion in Europa begann sie in Südafrika. Merkmal des Typ 25 waren die runden Doppelscheinwerfer.

Ab 1992 wurden die Seitenfenster vergrößert. Im Bild ein Volksie von 1994 mit dem 2,3-Liter-Audi-Motor. (Foto: © Kittler)

In Südafrika wurden 130.000 T3 gebaut. Die nach 1991 angebotenen Busse konnten auch mit Audi-Fünfzylindern bestückt werden, zunächst mit 2,3 Litern, später sogar mit 2,6 Liter Hubraum und einer Leistung von 136 PS.

Die T3 Bus-Produktion im Werk Uitenhage (dem heutigen Kariega) endete im Juni 2002.

Das Spitzenmodell aus südafrikanischer Fertigung war der Caravelle 2.6, der bis zu 163 km/h schnell war. (Foto: © Kittler)

aufpreispflichtige Hinterachs-Differential. Die Luxus-Variante wurde 2138 Mal gebaut, insgesamt entstanden rund 45.000 Syncro.

Der T3 in Südafrika

Die Geschichte des T3 endete nicht mit dem Modellwechsel im Juli 1990: Die Produktionseinrichtungen wurden nach Südafrika verschifft, zwischen 1991 und 2003 lief er dort als Rechtslenker vom Band. Der Afrikabus entstand im VW-Werk in Uitenhage bei Port Elizabeth, das als reines Montagewerk gegründet worden war. Ab 1956 entstanden dort nicht nur der »Volksie«, also der Käfer, sondern auch die Transporter, wobei sich die südafrikanischen Modelle in erster Linie im Dekor und den angebotenen Sonderausstattungen entschieden – und natürlich die Position des Lenkrads. Vom Januar 1975 bis Januar 1979 wurde, neben Bus und Kastenwagen aus brasilianischen Telesätzen Pritschenwagen gefertigt, anfangs noch mit geteilter Frontscheibe, ab 1976 dann mit der Kabine der zweiten Generation. Die brasilianischen Pritschen waren billiger als die in Südafrika gebauten Typ 2, hatten aber einen miserablen Ruf, weil sie schnell rosteten und auch sonst nicht die T2-Qualität hatten. Während dieser Zeit lieferte Südafrika einige Bausätze auch zur Montage nach Rhodesien, dem heutigen Zimbabwe. Ab 1980 lief im südafrikanischen Werk der T3 als CKD vom Band – als Kastenwagen, Doppelkabine und Microbus. Standard war zunächst der luftgekühlte Zweiliter-Doppelvergaser, ab Werk mit der Sonderausstattung M 153 bestückt, dem Ölbadluftfilter. 1983 erfolgte die Einführung der »Wasserboxer« mit 1,9 Liter und 78 PS als zunächst einzige Option, ab 1986 dann zusätzlich mit dem 2,1-Liter-Einspritzer und 112 PS. Optisch und technisch unterschieden sie sich nur in Details von den deutschen, doch die Top-»Volksie«-Busse mit 2,1 Liter erhielten einen Kühlergrill mit runden Doppelscheinwerfern. Der Allrad-Bus lief zwischen 1989 und 1993 in Uitenhage, die Mechanik kam aus Graz.

Zum Abschied mit Audi-Motoren

Zum Modelljahr 1992 ergaben sich an den beiden Bus-Ausstattungslinien Caravelle und Microbus signifikante optische Veränderungen, denn die die Seitenfenster im Aufbau wurden vergrößert und das Armaturenbrett modifiziert. Außerdem wurden die Wasserboxer ausrangiert und durch der 1,8-Liter-Vierzylinder aus dem Golf 2 ersetzt, während der 2,1-Liter-Boxer durch einen 136 PS starken 2,5-Liter-Einspritzer ersetzt wurde. Dieser Fünfzylinder stammte aus dem Audi-Regal. Um den Motor unterbringen zu können, hatte das Motorabteil erhöht werden müssen. Alle Ausführungen hatten nun 5-Gang-Getriebe und 15-Zoll-Räder serienmäßig, der 2,5 Liter innenbelüftete Scheibenbremsen vorn. Die Höchstgeschwindigkeit lag dann bei 165 km/h. Dazu gab es jetzt auch ein Luxusmodell ähnlich dem europäischen Multivan mit Drehsitz und Klapptisch. Ab 1996 standen zwei neue Volksies mit Audi-Fünfzylindern zur Wahl: Ein 2,3 Liter mit 122 PS sowie einen 2,6-Liter, der den 2,5 Liter ersetzte. Erstmals war nun auch eine Automatik lieferbar, außerdem konnte man eine Klimaanlage ordern, die den kompletten Fahrgastraum herunterkühlen konnte. Die Basis-Modelle mit dem 95 PS starken 1,8-Liter von VW fielen im Mai 1998 aus dem Programm. Die T3-Produktion endete in Südafrika schließlich 2002.

DER VW BUS T4

1991 - 2003

Im September 1990 (Modelljahr 1991) – nach 6,7 Millionen produzierten T1, T2 und T3 mit dem Motor im Heck – begann mit der Markteinführung des T4 eine neue Ära im Transporterbau: Erstmals in der Geschichte des Bulli wurde nun allein die Vorderachse angetrieben und die modernen Reihenmotoren mit geregelten Katalysatoren saßen unter der kurzen Motorhaube vorne! Mehr als zwei Milliarden D-Mark hatte das Unternehmen zuvor in den neu entwickelten Hoffnungsträger investiert. Eine gute Investition, wie sich herausstellen sollte.

H X 9567

Bei Kasten und Bus versteiften zusätzliche Längssicken die Bodengruppe, bei der Pritsche wurde der Rahmen verstärkt.

Intensive Windkanal-Studien führten zu einem fast schon sensationellen Luftwiderstandsbeiwert von 0,36.

Mit einer Länge von 4,65 Metern, einer Breite von 1,84 Metern sowie einer Höhe von 1,94 Metern passten Caravelle und Transporter auf jeden Parkplatz und in jedes normale Parkhaus. Mit langem Radstand waren sie aber 40 Zentimeter länger, das machte sich in der Stadt bemerkbar.

Der Caravelle bot viel PKW-Komfort. Im Ausland war er beliebter als in Deutschland, wo ihm der Multivan Konkurrenz machte.

DER VW BUS T4

Dem überfälligen Wechsel waren, wie schon beim Schritt zum T3, umfangreiche interne Untersuchungen und Analysen vorangegangen. Beim T3, so die Konzernpresse 1979, ergab die Auswertung einiger Dutzend Prüfkriterien wie Fahrverhalten, Beladung, Komfort, Bergsteigfähig, Wintertauglichkeit, Seitenwindempfindlichkeit und dergleichen mehr, dass der gute alte Heckmotor noch immer ideal und zeitgemäß wäre. Doch das war schon damals nicht unumstritten. Denn ebenso klar hatten sich die Schwachstellen des bisherigen Konzepts herauskristallisiert, deren größte das Fehlen eines ebenen Ladebodens darstellte. Im gewerblichen Bereich war das gegenüber der Konkurrenz ein gravierender Nachteil, die Beladung etwa mit einer Europalette von hinten war wegen des Heckmotors undenkbar. Außerdem konnten die bisherigen VW-Transporter nur mit einem Radstand geliefert werden, was die Aufbauvielfalt einschränkte. Schmerzlich vermisst wurde etwa ein Transporter mit Kippbrücke; bei den bisher lieferbaren Heckmotor-Kippern hatte es sich um Kompromisslösungen mit begrenzter Nutzlast – 0,6 t – gehandelt. Hier Abhilfe zu schaffen, stand ganz weit oben im T4-Lastenheft.

Die Konzern-Kaufleute hatte aber noch weitere Wünsche, sie wollten möglichst viele Bauteile aus dem Pkw-Baukasten verwenden, das sparte Kosten. Die T3-Transporter waren die letzte Heckmotor-Baureihe des Konzerns und damit ein teurer Luxus im Zeitalter steigenden Kostendrucks und der Forderung nach einer möglichst hohen Gleichteile-Quote im Unternehmen. Die Bus-Fahrer hingegen wünschten eher viele kleine Verbesserungen: Weniger Lärm, mehr Komfort und Ausstattung, auch einen hinter der Vorderachse liegenden Einstieg, der die Kletterei ins Cockpit etwas weniger mühsam gestaltete und die Gefahr minderte, am Radlauf die Kleidung zu beschmutzen. Letztlich führte am Frontantrieb kein Weg mehr vorbei, wie auch der allererste T4-Prototyp von 1983 beweist. Diskutiert wurde da nur noch über die ideale Einbaulage des Motors, nämlich längs oder quer. Das endgültige Layout wurde 1986 verabschiedet, die folgenden Versuchsfahrzeuge spulten rund drei Millionen Testkilometer ab. Die daraus resultierenden Verbesserungen mündeten im Bau von mindestens 16 weiteren Fahrzeugen, die zusammen über weitere 600.000 Kilometer in aller Welt und unter allen klimatischen Bedingungen erprobt wurden.

Die direkte Gegenüberstellung zeigt, wie revolutionär der T4 im Vergleich zum T3 konzipiert war – für VW-Anhänger! Eigentlich entsprach er aber nur dem, was längst Standard war: Frontmotor und Frontantrieb.

DER VW BUS T4

Die Pferde ziehen vorne

Wie beim Wechsel vom Käfer- zum Golf-Cabriolet ereiferten sich auch beim Transporter die Traditionalisten. Sie organisierten zwar keine Sternfahrt zum Werk, wie das beim Cabrio der Fall gewesen war, sorgten aber für eine hohe Nachfrage – damals eher ungewöhnlich für eine Modellreihe vor der Ablösung. Doch ganz objektiv betrachtet: Die vierte Generation – T4 – war ihren Vorgängern mit Heckmotor in allen Belangen überlegen, und die Nutzfahrzeugwerber von Ford, die mit dem 1986 erneuerten Transit den einzigen ernst zu nehmenden Transporter-Konkurrenten anboten, vermerkten süffisant: »Es ist kein Zufall, dass heute immer mehr Transporter wie der Transit aussehen.« Die Strafe für's zu spät kommen – »Wer zu spät kommt, den bestraft das Leben« – blieb aus: Der neue VW-Transporter fuhr von Anfang an vorneweg.

Mit dem Wechsel auf Frontantrieb änderte sich alles: das Design, das Fahrwerk, die Motoren und das Raumangebot. Vor allem im Heck stand nun deutlich mehr Platz zur Verfügung. Dass es nicht noch mehr geworden war, lag an der Schräglenkerhinterachse, die mit zu den Highlights der neuen Modellreihe gehörte. Und, natürlich, das neue Antriebskonzept, den die Pferde zogen nun vorne. Eine Revolution habe stattgefunden, schrieben das Werk wie auch die Medien, kleiner hatten sie es nicht: »Denn seit auch der letzte von der Käferplage Heckmotor kuriert ist, sind alle VW eine Familie der Gleichen: alle frontgetrieben, alle quermotorisiert und alle mit Motoren fast aus einer Reihe«, befand etwa Clauspeter Becker im Fachblatt auto motor und sport. Und die Wiedervereinigung lieferte den Soundtrack dazu: Politisch wuchs zusammen, was zusammen gehörte, und technisch rückte das nach vorn, was den T3 hatte den Anschluss verlieren lassen. Bei der Präsentation der dritten Generation hatte man das Festhalten am Heckmotor noch fein zu bemänteln gewusst, doch zehn Jahre später gab es da nichts mehr zu beschönigen.

Die neuen Aggregate

»Die neuen Volkswagen«, so erklärte das Werk, »sind als Kurzhauber mit querliegendem Frontmotor und Vorderradantrieb konzipiert. Vorteil: ein üppiges Raumangebot und ein günstiger Luftwiderstand (cw=0,37). Das Motorenangebot stammte aus dem Konzernregal und umfasste zwei sparsame Saugdiesel mit 1,9 und 2,4 Liter Hubraum. Beim kleineren Aggregat handelte es sich um einen Vierzylinder mit verhaltenen 61 PS, beim größeren um einen Fünfzylinder-Diesel mit 78 PS. Ein 84 PS starker Vierzylinder-Benziner mit zwei Liter Hubraum und Digifant-Einspritzung ergänzte das Angebot, darüber angesiedelt – für den gewerblichen Einsatz aber eher uninteressant – war der 2,5 Liter Fünfzylinder-Ottomotor. Die Spitzenmotorisierung entwickelte eine Leistung von 110 PS, natürlich jeweils mit geregeltem Katalysator. Während es beim kleinen 1,9-Liter-Diesel anfangs Lieferschwierigkeiten gab, war der starke 2,5-Liter-Benziner nur in Kombination mit dem Caravelle GL zu ordern. Kurz nach Serienanlauf kam für bestimmte Exportländer als neue Basis-Motorisierung ein 1,8-Liter-Benziner mit 67 PS und Vergaserbestückung dazu. Auch wenn die Motoren im Prinzip bekannt und zum Teil auch im Audi 100 zu finden waren, unterschieden diese sich im Detail doch von den

Bei kurzem Radstand hatte die Pritsche eine Länge von 2,51 m, mit langem Radstand dann 2,91 m. Die Breite war mit 1,85 m gleich.

Bei VW gab es keinen Nebenabtrieb vom Getriebe. Hubsteiger benötigten daher einen eigenen Elektroantrieb samt angepasster Bordelektrik oder eine an den Motor angeflanschte Hydraulikpumpe.

Die von VW herausgegebenen Richtlinien gaben die Aufbaumaße vor. Dieser Kasten – 2,69 m x 2,20 m – blieb im Rahmen des Erlaubten.

Viele Feuerwehren nutzen die Busse als Einsatzleitwagen ELW. Den Ausbau übernehmen Dienstleister wie IDS in Lüneburg.

Beim T4 gab es erstmals zwei Radstände (2920 oder 3320 mm), was vielfältige Nutzungsmöglichkeiten eröffnete.

Der erste Transporter von Volkswagen mit Frontantrieb: der T4 des Jahres 1990. Und der erste, der auch mit Heckflügeltüren zu ordern war.

Eher ungewöhnliche Kombination eines Pritschenwagens mit Nachläufer zum Langgut-Transport. Eine ähnliche Ausführung hatte es auch schon beim T1 gegeben – im Prospekt abgebildet und ganz regulär über den VW-Händler zu beziehen.

Die Nutzlast beim langen T4 mit Hochdach betrug, je nach Lastklasse und Motorausstattung, zwischen 2,6 und 2,9 Tonnen. Im Bild ein Modell nach 1996, zu erkennen an den seitlichen Luftschlitzen vorn.

Mit Hochdach lag die Stehhöhe bei 1,90 m – fast 50 cm mehr als mit Normaldach. Die Schiebetür gab es auch in normaler Höhe.

Die T4-Modellpalette umfasste kurze und lange Radstände, Multivan, Kasten, Pritsche, Caravelle und Kombi. Die Doka fehlt auf diesem Bild.

Pkw-Motoren. Alle Fünfzylinder-Versionen sowie Caravelle GL und Multivan verfügten von Anfang über eine Servolenkung. Optional ließen sie sich mit einem Automatikgetriebe ordern, auch eine Klimaanlage stand zur Verfügung. In den folgenden Jahren entwickelte sich ein reges Kommen und Gehen im T4-Maschinenabteil.

Ein Fahrwerk auf Pkw-Niveau

Charakteristisch für die Volkswagen-Transporter war die Einzelradaufhängung mit einer Doppelquerlenker-Vorderachse und zwei längsliegenden Torsionsfederstäben samt Kurvenstabilisator anstelle der bisherigen Schraubenfedern vorn. Hydraulische Teleskopstoßdämpfer vervollständigten die Baugruppe, die auf einem kräftigen Hilfsrahmen montiert worden war. Bei die Hinterachskonstruktion entschied sich Volkswagen für eine Schräglenker-Ausführung mit Schraubenfedern, der Federweg lag bei 210 mm, das war schon ganz anständig für ein Personenwagen und für ein Nutzfahrzeug sowieso. Viel Lob erhielt auch die Zahnstangenlenkung mit Servounterstützung, zur Sicherheitslenksäule gehörte auch ein hinter dem Armaturenbrett befindliches Deformationselement, das sich beim Aufprall des Fahrers gegen das Lenkrad verformte und so den Aufschlag dämpfte. Vorne verzögerten Scheibenbremsen, an der Hinterhand kamen selbstnachstellende Trommelbremsen zum Einsatz. Im Detail unterschieden sich die Bremsen je nach Bereifung, bei Fahrzeugen mit 15-Zoll-Rädern waren die Bremsscheiben belüftet, später wurde diesbezüglich dann nicht mehr unterschieden, wohl aber der Lieferant: Der hieß entweder Lucas oder Ate/Teves. Alle Varianten verfügten über Bremskraftverstärker und Bremsdruckregler, auf Wunsch gab es jetzt endlich ein Antiblockiersystem (ABS).

Von der Papierform her war das Fahrwerk, in ähnlicher Form, auch beim Vorgänger zu finden gewesen (und bei der Konkurrenz sowieso), doch hatte Volkswagen das Ganze feiner abgestimmt. »Der Fahrkomfort entspricht Pkw-Niveau«, versprach das Werk, und die Motorpresse bestätigte den Werbespruch: »Beim Fahren spürt man mit Genuss, wie wenig sich eigentlich geändert hat. Der Federungskomfort macht den neuen wie den alten Caravelle zum fliegenden Teppich unter Seinesgleichen. Und selbst im Kreise sehr komfortabler Personen-Automobile würde dieses junge Nutzfahrzeug eine gute Partie spielen.« Bei beladenem Fahrzeug ergab sich eine

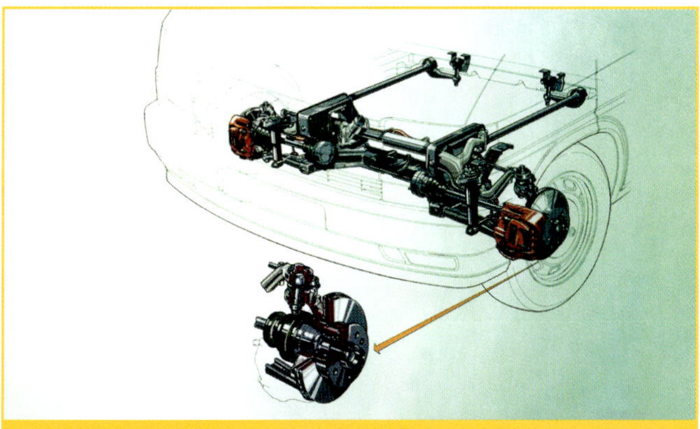

Vorne kamen Doppelquerlenker und Drehstäbe zum Einsatz. Anfangs gab es nur vorne Scheibenbremsen.

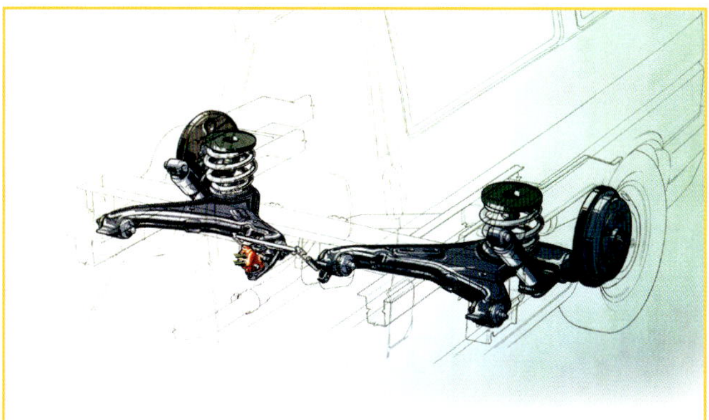

Hinten kam eine Schräglenkerachse zum Einsatz. Die Stoßdämpfer saßen vor der Achse unterhalb des Bodens.

DER VW BUS T4

Bodenfreiheit von 180 mm mit entsprechend niedriger Ladekante. Der Zugang zum Laderaum war vom Heck aus wahlweise über eine Heckklappe oder eine zweiteilige Flügeltür möglich, bei den seitlichen Schiebtüren hatte man den Rollenmechanismus geräuschoptimiert, was nicht nur die Fahrer (und nebenan schlafende Nachbarn) von VW-Wohnmobilen dankbar vermerkten. Beim Caravelle waren die Sitze im Fahrgastraum schneller demontierbar (was sie deshalb nicht unbedingt leichter machte), außerdem verfügten sie nun über versenkte Gurtschlösser.

»Mit der neuen Bus-Generation haben wir nun auch noch den Vorteil realisiert, der bei unserem Transporter-Konzept einzig fehlte: den durchgehend ebenen Fahrzeugboden. Wir können Ihnen damit jetzt in der vierten Generation nach Investitionen von über zwei Milliarden Mark einen Transporter präsentieren, der alle guten VW-Eigenschaften… mit idealen Transport-, Fahr- und Komforteigenschaften in modernster Technik verbindet« So versprach der Nutzfahrzeugchef bei der Premiere, und so bestätigte es auch die Presse: Im neuen Transporter steckte ganz viel Pkw-Technik. Nur schade, dass nicht jeder T4 schon ab Werk mit der dringend notwendigen Servolenkung vom Band rollte.

Die neue Vielfalt

Der T4 ging in Vollbesetzung an den Start. Von Anfang an geliefert wurden die Varianten Kombi und Kasten (jeweils auch mit Hochdach), Pritsche (auch mit Tiefrahmen), Doppelkabine sowie Fahrwerk mit Kabine und Doppelkabine, sowie Caravelle und Caravelle GL. Das zeigt ganz klar: Mit dem T4 sollte zunächst verlorenes Terrain im gewerblichen Bereich zurückgewonnen werden, der Pkw-Aspekt war nachgelagert. Daher gelangte auch der Multivan erst Ende 1991 zur Auslieferung, der T4 Syncro stand ab 1993 im Programm, nachdem bei Steyr-Puch der T3 vom Band genommen worden war. Den neuen Allrad-T4 durften die Österreicher aber nicht mehr bauen, der entstand in Hannover, nachdem bereits in der Konstruktionsphase eine Syncro-Variante mitberücksichtigt worden war. Das Fahrwerk der Fronttriebler konnte unverändert übernommen werden, und der damit einhergehende Verzicht auf das letzte Quäntchen Geländegängigkeit spielte für das Gros der Syncro-Piloten keine Rolle. Der Allradantrieb war für alle Aufbauten und Ausstattungsvarianten zu haben, sofern diese über einen Fünfzylindermotor verfügten.

Der T4 war mit zwei unterschiedlichen Radständen (2920 mm und 3320 mm) erhältlich; der Multivan allerdings nur mit kurzem Radstand. Der Aufpreis für die lange Version betrug anfangs 1000 Mark.

Happy Face: Alles neu für 1996

Der T4 erfuhr zum Jahresende 1995 ein Facelift, im VW-Jargon »Große Produktaufwertung« (kurz: »GP«). Bei Multivan, Caravelle und California wurde die Karosserie vorn um dreizehn Zentimeter verlängert, um dem für sie erhältlichen VR6-Motor Platz zu schaffen. Der bis dahin rechteckige Kühlergrill erhielt bei diesen gehobenen Varianten das damals VW-typische »Happy Face«, zugleich wurden die Scheinwerfer des langen Vorderwagens durch eine keilförmige Verjüngung dynamischer gestaltet und mit weißen statt gelben Blinkleuchten ergänzt. Dazu kam ein neues Armaturenbrett. Zwei

So fein ging es nur im Caravelle GL zu. Doch auch Transporter-Fahrer kamen in den Genuss der neuen Schalttafel im Pkw-Stil.

Serienmäßig kamen die meisten T4-Busse mit einer Heckklappe daher, es gab aber auch Flügeltüren.

Der Wechsel des Antriebskonzepts senkte den Ladeboden ab und erleichterte die Beladung.

Durch das Frontmotorkonzept war der Laderaum des T4 deutlich größer als der des T3 mit Heckmotor. Die Durchladebreite zwischen den Radkästen betrug 122 cm, da konnte eine Palette parken. Der Ladeboden lag in 52 cm Höhe – kein Problem für einen Hubwagen.

Bis Anfang der Neunziger war die aufgesetzte Kühlanlage Standard, VW-Partner Wükaro bei Stuttgart gehörte zu den ersten, die VW-Kühlkoffer mit integrierter Anlage bauten.

Den VW T4 gab es als Benziner oder Diesel. An Benzinmotoren wurden Vier-, Fünf- und Sechszylinder verbaut, die Dieselaggregate hatten vier oder fünf Zylinder und waren als Sauger oder mit Turboaufladung verfügbar.

Airbags waren nun serienmäßig, das ABS gab's aber aufpreisfrei nur beim Topmodell. Mit der Überarbeitung sollten sich die Pkw-Versionen deutlicher von den Transporter-Varianten abheben und, so der damalige Entwicklungschef Forytta, »mehr Kunden aus dem Personenwagenbereich gewinnen.« Die Transporter behielten ihr bisheriges Gesicht unverändert bis zum Produktionsende bei. Wie alle T4 bekamen aber auch die einfachen Transporter neue, elastischere Stoßfänger, die von hinten durch nun zwei Nebelschlussleuchten leicht erkennbar waren (von denen in Deutschland und in vielen anderen Ländern aus rechtlichen Gründen nur die linke tatsächlich eine Leuchteinheit enthielt).

Zu den optischen Änderungen kamen auch zahlreiche technische Änderungen wie etwa Scheibenbremsen nun auch an den Hinterachsen, dazu kam eine gefälligere Inneneinrichtung, neue Schalter und dergleichen mehr: Es sah alles wesentlich wertiger aus und sollte auch im Innenraum das unglamouröse Handwerker-Ambiente zurückdrängen. Besonders viel ändert sich unter der Motorhaube. Die Motorenpalette für Gewerbekunden umfasste 1996, nach Einführung von Caravelle und Multivan als eigenständige Modellreihen mit eigener Optik einen 1,9-Liter-Turbodiesel mit 68 PS als Basis, gefolgt vom 2,4-Liter-Saugdiesel (78 PS) und einen 2,5-Liter-Turbodiesel mit 102 PS, der 250 Newtonmeter auf die Kurbelwelle wuchtete. Dieser hatte bereits 1990 im Audi 100 mit 120 PS sein Debüt gegeben, war aber für den Einsatz im T4 gedrosselt worden. Im Frühjahr 1998 schließlich rückt mit dem VW TDI plus, erkennbar am roten »I«, der bis dahin stärkste Transporter ins Modellprogramm: Der Fünfzylinderdiesel mit Direkteinspritzung, Turbolader und Ladeluftkühlung holte aus 2,5 Litern Hubraum 150 PS bei 4000/min und enteilte mit 295 Newtonmetern Drehmoment der Konkurrenz – »bärige Kraft«, so lastauto omnibus, zu haben für Caravelle, Multivan und California, wenn auch nicht für die gewerblichen Transporter und Busse mit dem kurzen Näschen. Gleichzeitig wurde auch ein leistungsschwächerer TDI mit 88 PS nachgereicht, dann mit einem blauen »I« im Schriftzug. Von den ursprünglich angebotenen Motoren erlebten lediglich der 1,9-l-Vierzylinder-Turbodiesel und der 2,4-l-Fünfzylinder-Saugdiesel den Produktionsauslauf 2003. Die Benzinerpalette umfasste einen Zweiliter-Digifant-Vierzylinder (84 PS) sowie den 2,5-Liter-Fünfzylinder mit 115 PS.

Glastransportgestelle für T4-Transporter bot zum Beispiel Hegla Fahrzeugbau in Satteldorf mit seinem Glas-Reff an.

Jetzt auch mit sechs Zylindern

Bei Multivan und Co. war die Auswahl etwas größer, denn da stand – Produktionsanlauf im April 1996 – noch der famose 2,8-Liter-VR6 mit 140 PS zur Wahl: Damit stürmte eine Caravelle mit bis zu 180 km/h über die Autobahn, ohne der Trunksucht völlig anheim zu fallen, und dank der guten Geräuschdämmung auch ohne Lärmbelästigung: »Insgesamt hält der Fahrkomfort jeden Vergleich mit Personenwagen stand«, resümierte die inzwischen zur Stuttgarter Motorpresse gehörende Zeitschrift Auto-Straßenverkehr. Die wusste von ihren Testfahrten auch nur Gutes zu berichten, lobte die Verarbeitung (»sehr gut«), den Fahrkomfort (»hoch«), das Platzangebot (»großzügig«) die Fahrleistungen (»gut bis sehr gut«) und den Verbrauch (»niedrig«).

DER VW BUS T4

Als letzte Neuerscheinung im Jahr 2000 ersetzte eine erstarkte Version des VR6-Motors mit 204 PS den Vorgängermotor, gekennzeichnet durch einen Schriftzug V6 mit roter »6«.
Gab's denn gar nichts auszusetzen? Doch, schon: den Preis. Selbst ein 84-PS-Basis-Bus rückte auch im günstigsten Fall (Multivan kurz, normales Dach, Fünfgang-Handschaltung) ganz nahe an die 50.000 Mark-Grenze – ohne Extras, selbstverständlich: Ein Bulli als Familienfahrzeug war nie ein günstiges Vergnügen. 2003 endete die Produktion des VW T4. Insgesamt liefen 1.873.033 Exemplare im Werk Hannover vom Band.

Der Multivan

Spielraum für Familie, Freizeit und Hobby: Seit seinem Debüt überzeugte der Multivan, angesiedelt zwischen Fensterbus Caravelle und Wohnmobil durch sein variables Raumkonzept. Eine zum Doppelbett umbaubare 3er-Rücksitzbank, ein oder zwei gegenüberliegende Einzelsitze, ein Klapptisch – diese Kombination passte für viele Lebenslagen und Familien. Rund 16.000 Mal war die erste Multivan-Generation über den Tresen gegangen. Kein Wunder also, dass neben dem Caravelle, auch ein Multivan zur T4-Modellpalette gehörte. Technisch betrachtet ein Transporter, wich er vor allem in Sachen Ausstattung vom Caravelle ab. Nach wie vor verfügte er über einen Klapptisch wie auch die Klappsitzbank zur Schaffung einer Liegefläche, eine Durchlademöglichkeit für Skier und anderes Sportgerät und eine verschiebbare Rücksitzbank. Der sechssitzige

Das Fahrwerk entsprach dem der Fronttriebler, die Allrad-T4 waren nicht mehr ganz so geländegängig wie die T3.

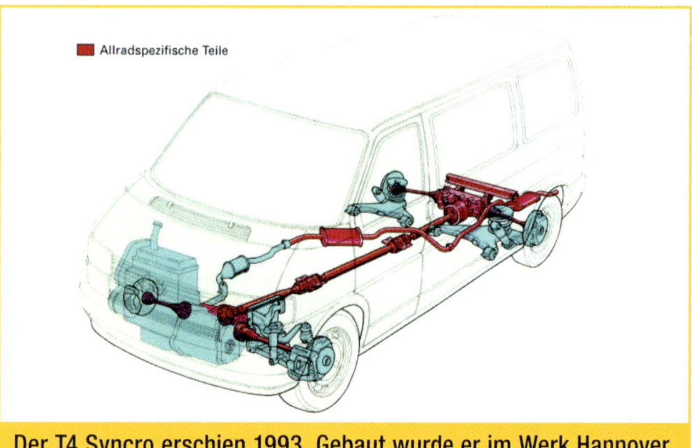

Der T4 Syncro erschien 1993. Gebaut wurde er im Werk Hannover, nicht mehr in Österreich bei Steyr Daimler Puch.

Die Ladefläche bei der Doppelkabine betrug vier Quadratmeter, das reichte zur Mitnahme eines Aufsatzstreuers.

Natürlich wurde der T4 – hier von 2001 – von zahlreichen Rettungsdiensten im In- und Ausland eingesetzt.

Bei den Nutzfahrzeugen behielt man auch nach dem Facelift die alte Front bei. Zum einen, um gewerblich genutzte Transporter deutlicher von den privat verwendeten Bussen zu unterscheiden, zum anderen war der VR6 bei den »Nutzis« nicht erhältlich, der lange Vorderwagen also nicht nötig.

Ab 1996 gab es grundsätzlich zwei Grundkategorien des Transporters – die gewerblich genutzten Lieferwagen sowie die für den privaten und dualen Einsatz konzipierten Großraum-Pkw Caravelle, Multivan und California. Diese erhielten den neuen, verlängerten Vorbau, der Platz für den neuen VR-Sechszylinder bot. Damit war eine Spitze von über 170 km/h möglich.

Der kurze Caravelle war ein Neunsitzer, im langen ließ sich zusätzlich noch das komplette Gepäck der Insassen befördern.

Die luxuriöseste Variante der vierten Generation war der lange Caravelle »Business« von 2001.

Bei Stückzahlen von rund 8000 Fahrzeugen stand für Volkswagen außer Frage, dass es auch von der Frontantriebs-Generation ein neues Multivan-Modell geben musste. Das Erfolgskonzept wurde nur leicht geändert: Die Kühlbox fand nun unter dem Einzelsitz hinter dem Fahrer Platz. 1991 begann der Serienanlauf des neuen Multivan, 1992 folgte der Multivan »Allstar«. Dritter im Bunde wurde dann der »Classic«.

Alexander Wischnewski gewann 2023 auf dem Busfestival mit seinem »T4-Trio« die Wertung für das »Schönste Gespann«.

Multivan war zum Modelljahr 1992 zu haben, es gab ihn mit vier Motoren, aber nur kurzem Radstand und einer Ausstattungslinie. Ende 1992 stellte Volkswagen dem Multivan die besser ausgestattete und siebensitzige »Allstar«-Variante zur Seite, beide waren ab Mitte 1993 mit Allradantrieb zu haben. Für 1994 kam der Multivan Classic als weitere Ausstattungslinie ins Programm, 1995 rollte der 100.000 Multivan vom Band.

Das »Happy Face« und die zahlreichen Verbesserungen 1996 führten zu einer deutlichen Ausweitung der Sondermodell-Palette. Bei diesen handelte es sich um clever zusammengestellte, aber im Ausstattungsumfang ähnliche Multivan-Ausführungen, mit einer Handvoll beliebter Optionen aus der Aufpreisliste. Sonderlack, Sitzbezüge und Schriftzüge hatten sie eigentlich alle, ebenso den zweiten Einzelsitz in der mittleren Sitzreihe. Natürlich standen alle diese Extras auf der Optionsliste auch für den normalen Multivan, die Paketlösung sparte aber in der Regel um die 3500 Mark, beziehungsweise Euro. Für 1997 gab es den »Special« (Alufelgen, Sonderlack, EFH, ZV), 1998 den »Topstar« (Klimaanlage).

Eine letzte Modellpflege

Im Februar 1999 knöpfte sich Volkswagen Nutzfahrzeuge (VWN) den T4-Multivan ein letztes Mal vor und verbesserte dank der neuen Einzelsitze mit integriertem Dreipunkt-Automatikgurt in der zweiten Sitzreihe den Sitzkomfort. Bemerkenswert war aber die Tatsache, dass sich die mittlere Sitzreihe dank des neu entwickelten Schienensystems nun drehen und in Längsrichtung verschieben ließ: Jetzt konnten alle Passagiere beim Fahren nach vorne schauen. Auch der Ausbau, bisher eine ziemlich mühsame Angelegenheit, sollte sich nun einfacher bewerkstelligen lassen. Einen Hauch edler gestaltete sich der Innenraum, gleichmäßiger die Warmluftverteilung im Passagierraum mit neuen Fußausströmern, praktischer der Umgang mit dem Multivan-typischen Klapptisch, weil jetzt auch verschiebbar, und umfangreicher auch die Palette der aufpreispflichtigen Ausstattungen, weil nun mit Navigationssystem, Wärmeschutzverglasung und neuer 32 l Isolierbox bestückt. Natürlich gab es auch eine neue Preisliste. Sie reichte von 53.244 bis 64.415 Mark – ein tiefer Schluck auf der Pulle für jede Familie. Mit dieser letzten Produktaufwertung endet im Grunde genommen die Multivan-Geschichte, bis zur Ablösung am Leben gehalten durch diverse Sondermodelle.

Im Juni 1999 kam der in 3000 Exemplaren gebaute »Atlantis« (LM, Klima, Kassettenradio), der dann 2000 eine Neuauflage erlebte. Der »Juniorstar«, zuerst als IAA-Studie präsentiert, rückte zum Modelljahr 2000 ins Programm. Im Juli 2001 folgte der Multivan »Generation« mit Klimaanlage und dergleichen mehr, aber auch mit elektronischem Stabilitätsprogramm ESP, Tieferlegung, BBS-Alus mit 205er Reifen, und abgedunkelten Fenstern im Fahrgastraum. Der »Generation« belastete die Familienkasse mit mindestens 71.154 Mark.

Zumindest dem Namen nach familienfreundlicher zum Budget und günstiger war das Sondermodell Multivan »Tim & Tom« zur Saison 2002: Sieben Sitze, Klima, Rückentasche für die Ablage von Krimskrams, Kinderrucksäcke im speziellen Design – ganz nett gemacht, das Ganze, »familien- und kindgerecht«, wie die Werbung meinte. Im

Modelljahr 2002 bot VWN die Möglichkeit, alle Multivan mit 16-Zoll-Rädern auszustatten (was bisher nur bei den Topmodellen möglich gewesen war), im April 2002 folgte dann der Edel-Multivan »Highline« für Geschäftskunden, die sich gerne auf Ledergestühl räkelten und feine Auslegeware präferierten. Noch ein wenig Luxus-Glitter und Feenstaub – machte mindestens 34.305 Euro plus Steuer für den 102-PS-TDI, der Highline richtete sich an Geschäftskunden, die einen »repräsentativen, mobilen Arbeits- und Besprechungsraum« suchten. Den krönenden Abschluss bildete dann im Dezember 2002 der Multivan »Last Edition«. Unter dem Motto »Zum Abschluss nur das Beste« packte Volkswagen so ziemlich alles ein, was die Aufpreisliste hergegeben hatte: Leder-Alcantara-Bezüge, Höhen- und neigungsverstellbare Kopfstützen, Sitzheizung und Lendenwirbelstütze für Fahrer- und Beifahrersitz, siebter Sitz, Schlafpolster im Gepäckraum, Klimaanlage, Radio samt sechs Lautsprechern, Multifunktionsdisplay und Tempomat. Natürlich gab's das Sondermodell zum Sonder-, aber nicht zum Schnäppchenpreis.

Der »Topstar« vom Herbst 1997 war in Spicegreen lackiert, mit blaugrau abgesetzten Stoßfängern und Schwellern.

Elektro-Mobilität war auch beim T4 ein Thema. Im Gegensatz zum Golf CityStromer ging der E-Transporter nicht in den Großversuch.

Den Allradantrieb, hier im Multivan »Panamera« gab es in Verbindung mit dem 2,5 l TDI (102 PS) und dem 2,5 l Benziner (115 PS).

Mit dem »Last Edition« endete die Geschichte des T4-Multivan, 16 Zoll-Leichtmetallräder samt 225/60-Pneus waren Serie.

1999 erfolgte die Neuordnung der Modellpalette. Der Multivan war nun in zwei Ausstattungslinien erhältlich: »Basis« und »Comfortline« (Bild). Darüber hinaus löste der Multivan »Atlantis« die Dauer-Sondermodelle »Allstar« und »Classic« ab.

DER VW BUS T5

2003 - 2015

Während der T4 mit seinem Frontmotor eine neue Ära einläutete, fiel dem T5 die Aufgabe zu das vorhandene – und hervorragend angenommene – neue Konzept zu optimieren. Vor allem in Bezug auf Variabilität, Komfort und Bedienung im Innenraum machte die fünfte Generation einen riesigen Schritt nach vorne. Aber auch der passiven und aktiven Sicherheit hatten sich die VW-Ingenieure gewidmet und dem neuen Bus weiter verbesserte Bremsen sowie erstmals auch Kopfairbags, neben den mittlerweile obligatorischen Luftsäcken für Fahrer und Beifahrer, spendiert.

H NV 368

DER VW BUS T5

Als Volkswagen 1990 den T4 vorstellte, war die Entrüstung bei den Fans groß. Den Frontmotor und -antrieb wollte man sich ja noch gefallen lassen, aber diese Optik mit der kleinen Schnauze vor der Frontscheibe und der Sitzposition hinter der Vorderachse, das ging gar nicht. So laut der Protest auch war, so schnell verhallte er. In kürzester Zeit hatten sich die Kunden an die Änderungen gewöhnt und genossen die Vorzüge des Busses, vor allem die des Multivans. Aus diesem Grund präsentierten die Hannoveraner 2003 als ersten T5 auch den variablen Familien-Transporter.
Schon äußerlich schindete der Fünfer Eindruck, denn er war in der Länge um satte 24 Zentimeter gewachsen auf jetzt 4,89 Meter, wobei der Radstand nur einen Sprung um acht Zentimeter auf genau drei Meter machte. In der Breite legte der T5 um sechs Zentimeter gegenüber seinem Vorgänger zu (jetzt 1,90 Meter), die Höhe blieb mit 1,94 Meter identisch. Sinnvoll, da einem so die Einfahrt in die meisten Tiefgaragen nicht verwehrt bleibt. Beim Design hielt sich der Fortschritt in Grenzen, für den Laien war es kaum erkennbar. Man hatte die Karosserie gestrafft, geglättet und aerodynamisch weiter verfeinert. Die großen Glasflächen waren nun bündig verklebt und ihre Radien und sauberen Einpassungen lagen auf Pkw-Niveau. Eine waagerechte Sicke lockerte die großen Flächen der Seitenteile auf und schloss vorne mit der Oberkante der Klarglasscheinwerfer und hinten mit den senkrecht stehenden Rückleuchten ab. Eine kleinere Sicke im Schwellerbereich setzte als optische Verlängerung des hinteren Stoßfängers einen weiteren Akzent. Eine konstruktive Neuerung – das durchgehende Seitenteil ohne senkrechte Schweißnaht – betonte die gestreckte und schlanke Linie des T5 zusätzlich und. Selbstverständlich kam der Multivan mit lackierten Schürzen daher, der dreidimensional ausgeformte Grill verlieh ihm das damals typische VW-Gesicht.

Innovation im Innenraum

Für Begeisterung sorgte der Fahrgastraum. Endlich musste nicht mehr mit einem ewig langen Schalthebel am Kabinenboden hantiert werden! Stattdessen wuchs der Hebel wie ein Joystick aus dem Armaturenbrett, der sich auch mit auf der Lehne abgestütztem Arm perfekt bedienen ließ. Schaltvorgänge gerieten damit zum Vergnügen, waren so bequem wie in jedem Pkw. Überhaupt zeigte sich das Cockpit ergonomisch deutlich verbessert. Die Sitze überzeugten mit

Der kurze, ins Armaturenbrett integrierte Schalthebel (hier vom DSG) machte das Bus-Fahren deutlich komfortabler.

Mit dem Schienensystem und dem Mehrzweckstisch wurde der Innenraum des Multivan noch variabler.

Die beiden Einzelsitze waren beim T5 drehbar und ließen sich einfach in den Schienen am Boden verschieben.

Die fünfte Generation bedeutete in der VW-Bus-Geschichte einen Quantensprung. Gerade im hier abgebildeten Multivan war man PKW-ähnlichem Fahrverhalten und Komfort so nah wie nie zuvor. Den Nutzfahrzeugcharakter hatte der T5 Mutivan definitiv verloren.

Ob zur Oper oder zum Kindergarten, mit dem neuen T5 Multivan war man stets gut gekleidet.

Mit wenigen Handgriffen ließ sich aus der Multivan-Bank ein Bett machen, das zumindest für den Wochenendtrip taugte.

Im einfacheren Multivan »Trendline« war der Tisch in der linken Seitenwandverkleidung untergebracht.

Ab 2007 war der Multivan auch mit um 40 Zentimeter verlängertem Radstand zu haben.

Im Gegensatz zu seinen hochwertigeren Brüdern kam der Multivan »Trendline« serienmäßig nur mit einer Schiebetür daher. An sich war er der legitime Nachfolger des T3 und T4 mit dem selben Namen.

Den günstigsten Einstieg in die Multivan-Welt bot ab 2007 der »Startline«, der mit praktischen Detaillösungen aufwartete.

gutem Seitenhalt und reichlich Beinauflage, das Lenkrad ließ sich nun in der Neigung sowie in der Höhe verstellen. Statt fester Verankerung steht seit dem T5 volle Variabilität auf dem Programm. Ermöglicht wird das durch ein Schienensystem, auf dem die Komponenten verschoben werden können. Sowohl die hintere Sitzbank als auch die mittleren Einzelsitze sind so in jeder Position arretierbar. Die Sessel in der Mitte verfügen nicht nur über bequeme Armlehnen, sondern sind auch noch drehbar und Dank der integrierten Gurte sowohl in als auch gegen die Fahrtrichtung nutzbar. Nur in den günstigen Ausstattungsvarianten »Startline« (ab 2007) und »Trendline« (ab 2005) gab es noch einen an der linken Seitenwand angebrachten Tisch. Der fiel bei »Comfortline« und »Highline« weg, weil beide mit Schiebetüren rechts und links ausgestattet waren. Ersatz gab es in Form einer Konsole, die ebenfalls in den Schienen am Boden lief. Sie beherbergte allerdings nicht nur Fächer und Schubladen für allerlei kleine und große Dinge, sondern ließ auch auf Knopfdruck einen kleinen, schwenkbaren Tisch in die Höhe ragen. Überhaupt herrschte im T5 Multivan kein Mangel an Ablagen. Cup- und Flaschenhalter fand man im Mittelteil des Instrumententrägers, in die Türverkleidungen passten sogar 1,5-Liter-Behälter. Und unter der Rückbank fanden sich drei Schubwannen. Nahm man sie heraus, eröffnete sich dank der beidseitigen Öffnungen eine Durchlademöglichkeit für Ski oder andere lange Gegenstände. Alles in allem zeigt sich im Inneren die Weiterentwicklung zum T4 am deutlichsten.

In der Ruhe liegt die Kraft

Als Schritt in die richtige Richtung, nämlich zu mehr Komfort, erwies sich auch die neue Fahrwerkskonstruktion in Verbindung mit mehr Geräuschdämmung und leistungsstarken Triebwerken.

Ein entkoppelter Vorderachsfahrschemel mit Federbeinen reduzierte nicht nur die ins Fahrzeuginnere dringenden Antriebsgeräusche, sondern diente auch zusätzlich als zweite Crashebene. An der Hinterachse arbeiteten weiter die bewährten Schräglenker mit Miniblockfedern und separaten Stoßdämpfern. Zusammen mit der hohen Steifigkeit der Karosserie und der breiten Spur ergaben sich so Fahreigenschaften, wie man sie bis dato nur von Personenwagen gewohnt war. Mit großen, innenbelüfteten Bremsscheiben ringsum beherrschte der Multivan auch überzeugend das Bremsen. Verzögerungswerte um zehn m/s^2 und kaum Fading, das war ein deutlicher Fortschritt

Der Tisch im »Startline« wurde links eingehängt und konnte – mit zwei weiteren Beinen – auch außerhalb des T5 verwendet werden.

Der Innenraum des Multivan »Business« wurde von Pullmann-Sesseln, Edelholz-Oberflächen, Leder und Alcantara dominiert.

gegenüber dem T4. Außerdem gehörten natürlich inzwischen ABS und ESP zum Serienumfang.

Als Topmotorisierung hielt Volkswagen damals einen 5-Zylinder-TDI mit 2,5 Liter Hubraum, 174 PS und 400 Nm Drehmoment parat. Der sorgte für richtig gute Fahrleistungen, trotz des hohen Leergewichts von knapp 2,4 Tonnen: 11,5 Sekunden betrug der Sprint von Null auf 100 km/h, die Höchstgeschwindigkeit lag bei 188 km/h. Laut »ams« lag der Verbrauch im Mittel bei 11,9 Litern Diesel. In diesem ersten Test fasste die Zeitschrift »auto motor und sport« damals auch zusammen: »Der neue T5 Multivan ist groß, schwer gelungen und teuer. Die Bremse überzeugt, Motor und Fahrverhalten begeistern, ebenso die Details.«

Die Kundschaft nahm den einfachen Shuttle nicht an, weshalb ihn VW 2007 durch den Caravelle »Trendline« ersetzte.

Mehr als nur Multivan

Nach der erfolgreichen Einführung der Variante für Familienväter oder Damen, die ihre Freizeitutensilien standesgemäß transportieren wollen, folgten die bekannten Modelle Caravelle, Kombi, Kastenwagen, Pritsche und Doppelkabine.

Bleiben wir zunächst bei den Versionen zur Personenbeförderung. Der Kombi bildete die Basis, war mit bis zu neun Sitzplätzen, aber stets mit grau lackierten Hartfaserplatten als Seitenverkleidung zu haben. Er war auch mit Mittelhochdach (neu im Sortiment) und mit Hochdach geordert werden. Darüber schob Volkswagen ein neues Modell ins Programm, den Shuttle. Er sollte den Caravelle ersetzen. Zu seinem Lieferumfang gehörten mindestens sieben Sitze, bis neun Sitze waren in bis zu vier Sitzreihen (in der Langversion) möglich. Der Fahrgastraum trug hier hochwertige Innenverkleidungen, einen rutschfesten Bodenbelag, Sonnenrollos in den Seitenfenstern sowie Isofix-Kindersitz-Aufnahmen. Mittel- und Hochdach waren nicht erhältlich, dafür optional lackierte Stoßfänger. Nachdem die Kundschaft aber den Shuttle nicht als Caravelle-Ersatz akzeptierte, holte man die beliebte Variante nach einem Jahr Abstinenz wieder zurück in die Preislisten. Dabei entsprach der Caravelle optisch dem teureren Multivan, trug also ebenfalls in Wagenfarbe lackierte Spiegel, Schürzen und Türgriffe sowie Doppelscheinwerfer und weiße Seitenblinker. Drinnen warteten eine Zweier- und eine Dreier-Sitzbank auf Fahrgäste, die durch Teppichboden und Klimaanlage mehr Komfort genießen durften als Insassen im Shuttle-Modell.

Arbeitstiere der fünften Generation

Im Nutzfahrzeug-Sortiment bildete der Kastenwagen mit 86-PS-TDI den Einstieg. Er hatte, wie auch Kombi, Pritsche und Doppelkabine, ein etwas einfacheres Armaturenbrett mit anderen Ablagen und konnte mit zwei Einzelsitzen oder einem Fahrersitz plus Zweier-Bank bestellt werden. Selbstverständlich bot VW den Kasten auch mit Mittelhochdach und Hochdach an. Mit letztgenanntem standen dem Kunden 9,3 Kubikmeter Laderaum zur Verfügung. Stahlfelgen, unlackierte Anbauteile und robuste Materialien im Innenraum zeichneten die Transport-Variante aus. Heute wird er gerne als günstige Basis für einen Selbstausbau zum Campingmobil verwendet, noch lieber aber der Halbkasten, der in der Schiebetür und gegenüber über Fenster verfügt. Oft orderten Behörden solche Fahrzeuge, häufig auch als Langversion und nicht selten mit Annehmlichkeiten wie einer Stand-

Serienmäßig trug der Transporter unlackierte Kunststoffstoßstangen die auch Kratzer und kleine Rempler verziehen.

Beim langen Caravelle ließ sich wahlweise über drei oder vier Sitzreihen Raum für maximal neun Passagiere verwirklichen. Optisch entsprach der Volkswagen-Bus zur Personenbeförderung dem exklusiveren Multivan.

Die Nutzfahrzeugpalette bot beim T5 so ziemlich alles an, was man sich vorstellen kann – bis hin zum Hochdach mit langem Radstand.

Den Halbkasten gab es mit und ohne Trennwand, mit Dreiersitzbank oder leerem Laderaum sowie wahlweise Allradantrieb.

Die Jagd-Doka lag dank spezieller Federn und 225/75-16 All Terrain-Bereifung rund 60 Millimeter höher als das Serienfahrzeug.

Beim Pritschenmodell des T5 hatte der Kunde die Wahl zwischen kurzem und langem Radstand.

Speziell auf die Bedürfnisse von Jägern und Förstern abgestimmt war die von der Business Unit Spezialfahrzeuge umgerüstete Allrad-Doppelkabine. Neben einem Überrollbügel mit Umlenkrolle verfügte sie über eine Seilwinde und eine ausziehbare Rampe.

Auch die Nutzfahrzeuge ließen sich mit den starken 5-Zylinder-TDI-Motoren mit 130 oder sogar 174 PS ausstatten.

Das Mittelhochdach war erstmals bei der fünften Bus-Generation für Kastenwagen und Kombi erhältlich.

heizung versehen. 2014 stellte Volkswagen die Doppelkabine Plus vor, die äußerlich wie ein Halbkasten aussieht, innen aber mit einer eingeschweißten Trennwand zwischen Fahrgast- und Kofferraum ausgestattet ist.

Eine reguläre Doppelkabine, unter Fans auch kurz Doka genannt, mit Ladefläche gab es natürlich schon mit Einführung des T5. Seit ihrer Einführung 1958 gehört sie zu den beliebtesten Karosserievarianten im Sortiment. In der fünften Generation baute sie stets auf dem langen Radstand auf, ihre Ladefläche maß 2,13 Meter in der Länge und 1,89 Meter in der Breite. Gab es beim T3 noch Sondermodelle auf Grundlage der Doka, bespielte Volkswagen dieses Metier nicht beim T4. Das sollte sich bei der fünften Generation ändern. Im Dezember kündigte das Werk die eine besondere 4motion-Doka für Jäger und Förster an. Für die Fahrt im Gelände erhielt sie spezielle Federn und 225/75er Allterrain-Reifen, die zusammen für eine Höherlegung von rund 60 Millimetern sorgten. Zudem verfügte das Fahrzeug über eine verkürzte Getriebeübersetzung, die vor allem das Anfahren und Rangieren in unwegsamen Bereichen erleichtern sollte. Dazu gab es einen Unterfahrschutz aus Aluminium für Motor und Getriebe sowie einen weiteren für Fahrerhaus und Tank. Auf der Pritsche fand sich direkt hinter der Kabine ein Überrollbügel mit Umlenkrolle und Seilwinde. Außerdem befand sich unter der Ladefläche eine ausziehbare Rampe. Zusammen mit der Winch ließen sich so auch erlegtes Wild oder Baumstümpfe bergen. Werkzeug, Zurrzeug oder Kanister ließen sich in der Unterflurbox vor dem Hinterrad unterbringen.

Weniger glamourös kam die Pritsche mit einfacher Kabine daher. Sie war mit zwei verschiedenen Radständen und entsprechend unterschiedlich langen Ladeflächen zu haben. Eine unlackierte vordere Schürze, große Außenspiegel und Stahlfelgen gehörten zum Serienumfang. Wie auch die Doppelkabine konnte man den normalen Pritschenwagen mit Allradantrieb bestellen.

Basis für Sonderaufbauten

Beide Kabinenvarianten standen ohne Ladefläche auch Aufbauherstellern zur Verfügung, ebenfalls in zwei Radstand-Längen. Damit waren den Möglichkeiten quasi keine Grenzen gesetzt. Egal ob geschlossener Koffer, Wechselaufbau, Wohnmobilaufsatz oder branchenspezifische Speziallösungen, alles war machbar. Wie in der Vergangenheit bot Volkswagen Nutzfahrzeuge den Transporter werksseitig mit berufsspezifischen Lösungen an. Im Bereich dieser Spezialausstattungen gab es unter anderem Einsatzfahrzeuge für die Polizei und die Feuerwehr direkt ab Werk. Weiterhin ließen sich extra aufgebaute Fahrzeuge für den Frischedienst, den Kurier-Express-Paketdienst (KEP-Fahrzeuge) und Fahrzeuge mit Werkstattausrüstung direkt im Werk bestellen. Die grundlegenden technischen Ausstattungen und die Einrichtung der Fahrerkabine entsprachen bei allen diesen Modellen den Standards der regulären Nutzfahrzeug-Busse.

Herzstücke der T5-Bande

Reichlich Auswahl gab es auch unter der kurzen Haube der fünften Generation. Im Diesel-Sektor bildete ein 1,9 Liter Pumpe-Düse-TDI (4-Zylinder) mit 86 PS den unteren Abschluss, den es auch mit 104 PS gab. Darüber war der 5-Zylinder-TDI angesiedelt, ebenfalls ein

Pumpe-Düse-Motor, der mit 130 oder 174 PS angeboten wurde. Noch mehr Leistung, gerne in den Business-Modellen genommen, stand bei den Benzinern zur Verfügung. 235 PS und 315 Nm schöpfte der VR6 aus 3,2 Litern Hubraum. Man konnte sich aber auch mit zwei Zylindern weniger und 115 PS aus zwei Litern Hubraum zufriedengeben. Alle Diesel bot VW ab 2006 auch mit Dieselpartikelfilter (DPF) an.
Im T5.1, der Facelift-Variante, die 2009 auf den Markt kam, gab es teilweise neue Motoren, darunter einen 2-Liter-TSI, der in zwei Leistungsstufen (150 oder 204 PS) im Prospekt stand. Strengeren Abgasnormen zum Opfer fiel der beliebte 5-Zylinder-TDI. Bei Volkswagen Nutzfahrzeuge baute man jetzt nur noch auf einen Vierzylinder, einen 2-Liter-Common-Rail-TDI, der mit 84, 102, 114, 140 oder 180 PS an die Kunden ging. Im Verlauf der Produktionszeit folgten Versionen mit 150, 199 und 204 PS. Je nach Motorisierung standen Allradantrieb, 5- und 6-Gang Schaltgetriebe, sowie ein 6- und 7-Gang-DSG zur Verfügung.

Sondermodelle am Fließband

Zwei Jahre nach Markteinführung begann Volkswagen eine ganze Reihe Sondermodelle des Multivans zu lancieren, alle sehr gut ausgestattet und oftmals mit Besonderheiten versehen. Den Multivan »Twenty« gab es ab Werk zum Beispiel mit Bettverlängerung, Gardinen und Isolierbox, den »Cruise« mit 17-Zöllern, Navi, 3-Zonen-Klima und Tempomat. Besonders nobel kam der »Sport Edition« daher, der nur in gedeckten Farben und mit Lederbezügen in Anthrazit und Grenadine erhältlich war. Am anderen Ende der Preisskala lag der »Beach«, dessen einfach Innenausstattung dennoch praktische Details wie das Dachnetz oder die Profilschienen zum Einhängen von Taschen und Rucksäcken aufwies. »Atlantis«, »Concert« und »Easy-In« vervollständigten das Feuerwerk an speziellen T5-Multivan.

Etwas aus diesem Pool an Sondermodellen stach der Multivan »PanAmericana« heraus. Volkswagen Nutzfahrzeuge stellte bereits im Jahre 1999 mit den Fahrern Andreas Renz und Matthias Göttenauer einen Weltrekord auf der 22880 Kilometer langen Strecke Prudhoe Bay in Alaska und Ushuaia auf Feuerland auf: Das Team benötigte mit einem Multivan Syncro nur 15 Tage, 14 Stunden und 6 Minuten, um diese Distanz zu bewältigen. Dieses Ereignis war der Grund für den Multivan »PanAmericana«, der im August 2007 auf den Markt kam. Lackiert in der Sonderfarbe »Salt Lake Grey« war die allradgetriebene Großraumlimousine eine Hommage an die Erfahrung dieser Tour. Äußerlich trug der T5 die Möglichkeit des abenteuerlichen Einsatzes deutlich zur Schau. Optional um 50 Millimeter höher gelegt und mit einer verkürzten Getriebeübersetzung versehen, präsentierte es sich auf seiner grobstolligen Bereifung und mit seinem optischen Unterfahrschutz äußerst geländegängig. Mit Aluschutzleisten an Front und Schwellern sowie einer Schwellerbeklebung wirkte der »PanAmericana« bereits in der Serienversion robust und war eventuellen Geländeeinsätzen gewachsen. Abgedunkelte Rückleuchten unterstrichen das exklusive Offroadoutfit, während der Schriftzug auf der Schiebetür mit der Karte des amerikanischen Kontinents Auskunft über seine namentliche Herkunft gab.

Wie beim T4 gab es auch beim T5 einen Multivan »Atlantis«, der mit seiner sportlich-eleganten Ausstattung glänzte.

Der Multivan »United« richtete sich an Käufer, die einen komfortablen Innenraum in Kombination mit ansprechender Außenoptik suchten.

Leder gehörte im Multivan »Sport Edition« zum Serienumfang, neu war die Lackierung in Samoarotperleffekt.

Zum Reisen lud der Multivan »Cruise« ein, der ab Werk mit Navigation und Geschwindigkeitsregelanlage ausgerüstet war.

Beim limitierten Multivan »Easy-in-black« handelte es sich um eine Kooperation mit Harley Davidson, bei dem eine Seilwinde und eine klappbare Auffahrrampe das Einladen eines bis zu 300 Kilogramm schweren Motorrads in den Fond erleichterten.

Optional um 50 Millimeter höher gelegt und mit einer verkürzten Getriebeübersetzung versehen, präsentiert sich der Multivan »PanAmericana« auf seiner grobstolligen Bereifung und mit seinem optischen Unterfahrschutz äußerst geländegängig.

Sowohl die Pkw-Varianten als auch die Nutzfahrzeuge der fünften Generation erhielten zum Modelljahr 2010 ein Facelift. Besonders auffällig war die der Konzernoptik angepasste Front des T5.1. Dazu gab es viele Detailverbesserungen am und unter dem Blech.

Neu gestaltetet Instrumente, Bedienelemente und das Dreispeichenlenkrad zeichnen das T5.1-Cockpit aus.

Auch der Halbkasten unterzog sich dem Facelift und war wie gehabt mit oder ohne Trennwand erhältlich.

Nach wie vor bot die Ladefläche der Pritsche mit kurzem Radstand 4,75 Quadratmeter Platz zum Transportieren.

Erstes Facelift nach sechs Jahren

Im Herbst 2009, also zum Modelljahr 2010, präsentierte Volkswagen den überarbeiteten Bus, T5.1 genannt. Dabei fielen die Änderungen an der Karosserie nur sehr dezent aus, am stärksten wird der Unterschied an der Frontpartie deutlich. Klare, horizontale Linien prägen das neue Gesicht und entsprachen der Designlinie, die der Golf VI vorgab. Zwischen den Grundmodellen sowie einzelnen Karosserie- und Ausstattungsversionen gab es allerdings feine Unterschiede. Die Stoßfänger der Transporter, Caravelle Trendline und Multivan PanAmericana waren in dunklem Kunststoff gehalten: die Pendants aller anderen Versionen erstrahlten in Wagenfarbe. Stets in schwarz ausgeführt waren die Querspangen des Kühlergrills. Im Fall des Transporters (Kastenwagen, Kombi, Pritschenwagen) und des Caravelle Trendline waren sie mattschwarz. Caravelle Comfortline und Multivan trugen derweil hochglänzend schwarze Querspangen mit je einem Chromstreifen. Der obere dieser Streifen wurde optisch bis in den neu gestalteten Scheinwerfer verlängert. Die ebenfalls neu entworfenen Nebelscheinwerfer im Stoßfänger dienten optional als statisches Abbiegelicht.

Bis auf die aerodynamisch optimierten Außenspiegel, die wahlweise mit Spurwechselassistent, der über ein LED-Licht vor Fahrzeugen warnt, die sich seitlich im toten Winkel befinden, blieb die Silhouette unverändert. Am Heck gab es eine neue Rückleuchtengrafik, aber die Form änderte sich nicht, wodurch die Heckklappe nicht modifiziert werden musste.

Neue Optik im Cockpit

Das Interieur der Baureihe wurde ebenfalls überarbeitet. Hier sind es einerseits komfortoptimierte Einzelsitze und Dreispeichen-Lenkräder, andererseits zahlreiche neue Elektronik-Komponenten. Neu gestaltet wurden zum Beispiel die nun weiß hinterleuchteten und mit einem Chromrand versehenen Instrumente. Serienmäßig verfügte jedes Modell der neuen Generation im Kombiinstrument über eine Schaltempfehlung, um auch so Kraftstoff zu sparen. Gleichzeitig wurde das gesamte Spektrum der Radio- und Navigationssysteme aktualisiert und auf den aktuellen Stand gebracht. Durch die langen Modellzyklen beim VW Bus veralteten gerade Navis und Entertainmentsysteme in Rekordzeit. Aktualisiert wurden zudem die Bedienelemente der Heizung/Lüftung sowie der Klimaanlagen. Darüber hinaus erfuhren die Einzelsitze in der ersten und zweiten Reihe eine ergonomische Überarbeitung und die Serienausstattungen wurden erweitert. Selbstverständlich konnte man jetzt auch gegen Aufpreis alle gängigen Assistenzsysteme für den Hannoveraner bekommen.

Zu den bislang bekannten Modellen gesellte sich ab 2012 der Rockton, ein Transporter für den Geländeeinsatz. Er basierte auf dem Halbkasten, ist also hinten geschlossen und trägt Scheiben in der Mitte der Karosserie. Serienmäßigen verfügte er über 4motion-Allradantrieb mit Differentialsperre an der Hinterachse. Eine Höherlegung um 30 Millimeter sowie eine verstärkte Federung und Dämpfung (3,2 t Fahrwerk) sorgten für gute Fahreigenschaften auch im unwegsamen Terrain.

Mit dem Rockton war man dank Höherlegung, Allradantrieb und robustem Interieur bestens für Gelände gerüstet.

Bauunternehmers Liebling

Im Innenraum fielen sofort die auf einem Schienensystem (nicht identisch mit dem des Multivans) montierten Einzelsitze auf, die mit robustem Stoff bezogen waren. Zuheizer und die Zusatzheizung im Fahrgastraum sowie ein Luftfilter für den Einsatz in staubreichen Ländern gehörten zur Werksausstattung. Als Triebwerke hatte VW zwei 2,0-Liter-TDI-Motoren mit 140 oder 180 PS im Angebot. Für den extremen Offroad-Einsatz stand die 140-PS-Version des T5.1 Rockton mit »Expedition«-Paket zur Verfügung. Äußerlich erkennbar war es an 16-Zoll-AT-Reifen auf verstärkten Stahlfelgen. Die wesentlichen Ausstattungsmerkmale steckten jedoch im Detail, beispielsweise das spezielle Getriebe, das für eine erhöhte Durchzugskraft im Offroad-Betrieb sorgt. Bei aller Geländegängigkeit blieb der Rockton voll straßentauglich.

So gerüstet ging der gründlich renovierte T5 in seine zweite Produktionszeit. Bis einschließlich 2015 lief der T5.1 noch in Hannover vom Band, dann folgte die sechste Generation – die aber eigentlich auch nicht viel mehr war als ein upgedateter Fünfer.

Die Ausstattung des Multivan »Business« ließ auch beim T5.1 in Bezug auf Komfort und Luxus keine Wünsche offen.

Der Transporter ist das vielseitige Arbeitstier der T5.1-Baureihe und mit seinem umfangreichen Modellangebot – von Doppelkabine bis Hochdach – wie geschaffen für Industrie, Handwerk, Behörden und Dienstleister.

Hintere Flügeltüren gehörten beim Rockton zur Serienausstattung, genauso wie Schiebetüren auf beiden Seiten.

Bis zu drei Einzelsitze nebeneinander lassen sich auf dem speziellen Schienensystem des Rockton realisieren.

Zum 25. Jubiläum des Multivan gab es 2010 das Sondermodell »Edition25« wahlweise in Candy-Weiß, Salsa-Red oder Reflexsilber-Metallic, aber immer mit mattschwarz lackiertem Dach, schwarzen Leichtmetallrädern sowie weiteren schwarzen Akzenten.

Seine Zuverlässigkeit machte den T5, hier mit Pfau Frontkehrbesen LMK versehen, auch bei Kommunen beliebt.

Der Backwaren-Verkaufswagen von RKB Döbeln basiert auf einem Tiefrahmenfahrgestell und einem T5-Triebkopf.

Der Thermoflitzer war ein Exklusivaufbau von Wükaro für Volkswagen Nutzfahrzeuge und bot Platz für vier Europaletten.

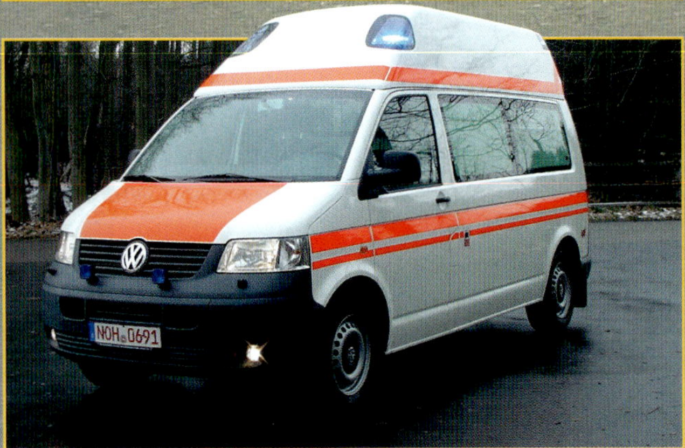

Basis vieler Kranken- und Rettungswagen war der T5, hier ein Exemplar der Wietmarschen Ambulanz- und Sonderfahrzeug GmbH.

VW T5.1 mit AL-KO-Chassis und Verkaufsstand-Aufbau der Firma FSN Fahrzeugtechnik GmbH.

Im Service-Center Spezialausstattungen (SCS) entstand dieser Polizei-Kommandowagen auf Basis des T5-Transporters, der mit zusätzlichen Blitzleuchten im Kühlergrill sowie einer Videoüberwachung des Innenraums zur Eigensicherung ausgerüstet war.

Für den sicheren Transport von Geld und anderen wertvollen Dingen hatte die Hartmann Spezialkarossen GmbH den richtigen Aufbau.

Bei der Kiesling Fahrzeugbau GmbH entstand dieser kompakte Kühlkoffer auf T5.1 Chassis.

DER VW BUS T6

2016 - 2023

Gutes besser machen, das kann VW, wie das Beispiel Käfer bestens beweist. So verzichtete man bei Volkswagen Nutzfahrzeuge bei der sechsten Generation des Bullis auf eine komplette Neukonstruktion. Stattdessen wurde der T5 unter dem Blech aufwändig auf den neusten Stand der Technik gebracht und erhielt auch außen ein deutliches Facelift. 2019 folgte die weiter verbesserte Generation 6.1, die ein nochmal verändertes Gesicht mit großem Grill prägte.

H NT 152

Bis auf das Armaturenbrett setzten die Hannoveraner nichts vom Interieur der Tristar-Studie in die Serienproduktion um.

Die in den Karosseriekörper integrierte Ladefläche erinnerte an die Heckmotor-Bullis und schaffte es leider nicht ins T6-Programm.

Auf der Nutzfahrzeug-IAA 2014 präsentierte Volkswagen den Tristar Concept, der einen Ausblick auf den noch nicht lancierten T6 gab. Die Front entsprach weitestgehend dem späteren Serienzustand, die verlängerte Kabine und die integrierte Pritsche gingen nicht in Produktion.

Zur Markteinführung des T6 gab es das Sondermodell »Generation SIX« mit Zweifarblackierung und 18-Zoll-Felgen im Retro-Design.

Die Grundversion des Multivan bot als Trendline eine rechtsseitige Schiebetür, während die linke Fahrzeugseite verblecht war.

Schon vor der Präsentation der sechsten Bus-Generation war klar gewesen, dass VW das Rad nicht neu erfinden würde. Ganz im Gegenteil, man baute den T6 auf der bewährten Basis des T5. Die grundlegende Überarbeitung eines erprobten Fahrzeugs brachte natürlich auch Vorteile mit sich, nämlich weniger Kinderkrankheiten, beispielsweise in Bezug auf Verarbeitung oder Dichtheit.

Tristar Concept

Einen ersten Ausblick auf die zukünftige Optik gewährte Volkswagen Nutzfahrzeuge bereits im September 2014 auf der Nutzfahrzeug-IAA mit dem Tristar Concept. Das orangemetallicfarbene Fahrzeug erinnerte mit seiner in den Aufbau integrierten Ladefläche an die Doppelkabinen der Heckmotor-Modelle T1 bis T3. Allerdings fehlten der Kabine die hinteren Türen, es handelte sich hier strenggenommen um eine »Extended Cab«, also ein verlängertes Führerhaus. Front und Cockpit entsprachen schon ziemlich genau der späteren Serienversion, Schutzbeplankung und das hinter der Kabine stehende Reserverad aber blieben dem Konzept-Auto vorbehalten. Die T5-Verwandtschaft konnte es aber trotz aller Modifikationen, wie dem mit einer gelungenen Leuchtengrafik im modernisierten T3-Look nicht verleugnen.
Entsprechend wenig überraschte dann der T6, der im Spätsommer 2015 an den Start ging. Die Karosserie blieb bis auf die Front weitestgehend unangetastet. Seitlich erhielt der Sechser tiefer montierte Rückspiegel sowie nach oben gewanderte Seitenblinker in den vorderen Kotflügeln, eingerahmt von der Sicke unterhalb der Gürtellinie und dem Türspalt. Außerdem wuchs die Tankklappe. Heckschürze, hintere Ecken und Rückleuchten wurden schärfer gezeichnet, die Heckklappe erhielt eine Vertiefung für das Kennzeichen mit integrierter Beleuchtung, einen neu geformten Griff sowie einen dreidimensional modellierten Heckfensterrahmen. Deutlicher fielen die Unterschiede an der Front auf. Gegenüber dem T5 geriet sie optisch noch mal breiter, betont von den waagerechten Linien des Grills samt aggressiver wirkenden Scheinwerfern, des zweiten Grills darunter sowie der abschließenden Leiste mit den integrierten, rechteckigen Nebelscheinwerfern, die je nach Modell zum Serienumfang gehörten. Heraus kam ein gedrungenerer Look, der den Bus tiefer über dem Asphalt kauern ließ, obwohl sich die Höhe gar nicht geändert hatte: 1,97 Meter beim T6, genau wie beim T5.1.

Beim Sondermodell »Generation SIX« konnte zwischen vier unterschiedlichen Zweifarblackierungen gewählt werden.

DER VW BUS T6

Fortschritt unter dem Blech

Richtig angepackt hatten die Ingenieure in Hannover jedoch unter der schicken Hülle. Neue Motoren, mehr Assistenzsysteme, mehr Komfort, mehr Konnektivität waren die Stichworte bei der Entwicklung der sechsten Generation.
Unter der kurzen Haube hielt eine komplett neue TDI-Motoren-Generation Einzug, die auf den werksinternen Namen »EA288 Nutz« hört. Dieses Triebwerk ist speziell im Hinblick auf die harten Anforderungen eines Nutzfahrzeugs entwickelt worden. Langlebigkeit und Robustheit standen damit an oberster Stelle. Angeboten wurden die quer eingebauten und um acht Grad nach vorn geneigten 2.0-Liter-TDI mit 84, 102, 150 sowie 204 PS. Auf Seite der Benziner stand ein ebenfalls 2,0 Liter großer Vierzylinder im Programm. Er leistete entweder 150 oder 204 PS. Alle Euro 5- und Euro 6-Motoren verfügten serienmäßig über ein Start-Stopp-System. In Summe konnte so der Verbrauch durchschnittlich um 15 Prozent reduziert werden.

Jede Menge Helferlein

Auf den neusten Stand der Technik brachte VW das Bus-Programm auch in Sachen Assistenzsysteme. Das optional für Transporter, Multivan und Caravelle erhältliche und im Multivan Business serienmäßige Umfeldbeobachtungssystem »Front Assist« erkannte mittels Radar kritische Abstände zum Vordermann und half, den Anhalteweg zu verkürzen. In Gefahrensituationen warnte das System den Fahrer optisch und akustisch sowie mit einem leichten Bremsruck. Bei der automatischen Distanzregelung »ACC« maß ein Sensor die Entfernung und die Relativgeschwindigkeit zum vorausfahrenden Auto. In Verbindung mit dem Doppelkupplungsgetriebe bremste ACC (Adaptive Cruise Control) das Fahrzeug, beispielsweise in Kolonnen oder in Stausituationen, auch bis zum völligen Stillstand ab. Situationsabhängig fuhr die Distanzregelung danach innerhalb einer definierten Zeit selbstständig wieder an. Bestandteil von »Front Assist« und »ACC« war die City-Notbremsfunktion. Sie unterstützte bei niedrigen Geschwindigkeiten unterhalb von 30 km/h und stellte somit einen großen Sicherheitszuwachs vor allem im dichten Stadtverkehr dar. Übersah der Fahrer ein Hindernis, bremste das System automatisch ab und sorgte für eine Verringerung der Aufprallgeschwindigkeit. Um das Risiko zu diesem Szenario zu minimieren, kamen im Transporter serienmäßig die Multikollisionsbremse zum Einsatz. Eine weitere Op-

Die »Joystick«-Schaltung war je nach Motor mit einem 5- oder 6-Gang-Schaltgetriebe oder mit einem 7-Gang-DSG gekoppelt.

Der Multivan »PanAmericana« vereinte Komfort mit der Offroad-Kompetenz und den Zugfahrzeug-Eigenschaften eines SUV.

Am glänzend schwarzen Dach, farblich entsprechender B-Säulen sowie weiterer Details war der Multivan »Edition 30« erkennbar.

Wie den Multivan gab es auch den Caravelle der sechsten Generation mit langem und – wie hier – mit kurzem Radstand.

Mit wenigen Handgriffen verwandelte sich der auf dem Multivan »Trendline« basierende Freestyle in ein praktisches Campingmobil.

Der Multivan »Business« war auch in der sechsten Generation wieder erhältlich und stellte das Spitzenmodell der Multivan-Baureihe dar. Insgesamt sechs Sitzplätze luden im von Edelholz-Oberflächen und Nappaleder dominierten Innenraum zum luxuriösen Reisen ein.

Etwas einfacher als im noblen Multivan kam beim T6 das Armaturenbrett des Caravelle daher.

Im Caravelle mit langem Radstand waren bis zu drei Fondsitzreihen möglich, insgesamt ließen sich so bis zu neun Personen befördern.

Zur Serienausstattung des Rockton gehörten neben den vier angetriebenen Rädern auch ein um 30 Millimeter höhergelegtes Fahrwerk und eine mechanische Hinterachs-Differenzialsperre, damit auch schweres Gelände kein Hindernis darstellt.

Optisch orientierte sich der Caravelle mit den lackierten Stoßfängern und den Zierteilen am Multivan.

tion war der »Light Assist«. Dieser sorgte für ein kameragesteuertes automatisches Ein- und Ausschalten des Fernlichts. Die bei Fahrzeugen mit Multifunktionsanzeige serienmäßige »Müdigkeitserkennung« bemerkte Abweichungen vom normalen Fahrverhalten und empfahl dem Fahrer eine Pause. Während der Fahrt half die auf Wunsch erhältliche elektronische Sprachverstärkung dem Fahrzeuglenker, seinen Blick konzentriert auf das Straßengeschehen zu richten. Ohne den Kopf zu drehen, konnte die Stimme des Fahrers automatisch über die Lautsprecher der Radioanlage an die Passagiere verstärkt wiedergegeben werden. Für alle Fahrzeuge mit Allradantrieb gab es optional den Bergabfahrassistenten. Er sorgte mit gezielten Bremseingriffen an den einzelnen Rädern, wie es der Fahrer im Einzelnen nicht kann, und durch Abregelung der Motordrehzahl für ein sicheres und kontrolliertes Bergabfahren. Die elektronische Gespannstabilisierung für den Anhängerbetrieb nutzte gleichfalls die Komponenten des elektronischen Stabilisierungsprogramms und trug damit einen großen Teil zur Sicherheit während der Fahrt bei. Vor allem für schneereiche und kalte Regionen empfahl sich zudem die für freie Sicht sorgende neue Frontscheibenheizung.

Updates auch im Fahrgastraum

Beim Blick ins Cockpit fiel sofort der neu gestaltete Armaturenträger auf. Optisch war er nun in vier waagerechte Segmente unterteilt und entsprechend dem Äußeren deutlich kantiger gezeichnet. Wie schon bei der Generation zuvor erhielt der Multivan einen höherwertigen Instrumententräger als die Nutzfahrzeuge, deren Armaturenbretter mehr offene Ablageflächen und robustere Oberflächen aufwiesen. Dreispeichige Multifunktionslenkräder konnten in allen Modellen geordert werden, die hübschen Zierrahmen um Lüftungsdüsen und Schalthebel blieben dem Multivan vorbehalten. Geänderte Türverkleidungen, die in Fahrtrichtung vorne sanfter anstiegen, um den Blick in die niedriger positionierten Rückspiegel gewährleisten zu können, ergänzten die Kabine.

Im Fahrgastraum des Multivans blieb alles grundsätzlich beim Alten. Das überzeugende Schienensystem für die zwei drehbaren Einzelsitze, die Rückbank sowie den Tisch war bekannt. Die Variabilität der Sitzlandschaft macht den Fond zu einem wahren Spiel-Raum in Sachen Umgestaltung. Vom normalen Koffer- bis zum großen Frachtraum – alles war möglich. Besonders einfach gestaltete sich nun das Öffnen und Schließen der Heckklappe. Unabhängig von der reinen Betätigung von Hand gab es in der ersten Steigerung eine automatische Zuziehhilfe. Sie ermöglicht das Schließen mit deutlich geringerem Kraftaufwand und ließ die Klappe zudem mit einem wesentlich dezenteren Geräusch ins Schloss fallen. Noch komfortabler war die neue, komplett elektrifizierte Variante. Sie öffnete automatisch über den Heckklappengriff, schloss per Schlaufenzug oder Taster und öffnete per Knopfdruck über die Funkfernbedienung oder einen Taster in der Fahrertür.

Viel Neues gab es auch beim Infotainment zu vermelden. Mit dem 6,33 Zoll großen Bildschirm setzte Volkswagen erstmals auf ein Display, das mittels einer Annäherungssensorik arbeitete: Sobald sich der Fahrer oder Beifahrer dem Touchscreen mit der Hand näherte, schaltete das System automatisch vom Anzeige- in den Bedienmo-

dus. Darüber hinaus verfügten die Displays über die heute übliche Wischfunktion, um durch Listen zu scrollen oder in Album-Covern der zum Beispiel auf einer SD-Karte befindlichen, eigenen Mediathek zu blättern. Weiterhin gab es je nach Ausstattungsumfang die Mobiltelefon-Schnittstelle »Comfort«. Sie beinhaltete eine induktive Antennenkopplung an die Fahrzeugmobilfunkantenne, einen zusätzlichen USB-Anschluss und eine ergonomische Ablage für das Mobiltelefon.
Zum verbesserten Komfort trug die adaptive Fahrwerksregelung Dynamic Cruise Control (DCC) bei. Mit dieser konnte der Bus an drei Fahrmodi angepasst werden: Komfort, Normal und Sport. In diesen Fällen passte sich die elektrisch einstellbare Dämpfung via vorgewähltem Programm dem ausgewählten Fahrstil an. Damit sorgte das DCC nochmals für eine Verbesserung der ohnehin bereits vorbildlichen Fahreigenschaften.

Aufbau-Vielfalt

Wie beim T5 gab es auch beim neuen Transporter eine Vielfalt von Karosserie- und Modellvarianten. Angefangen bei Pritschenwagen und Doppelkabine über Kastenwagen, Halbkasten und Kombi bis hin zum Multivan, mit dem Bindeglied Caravelle zwischen Nutz- und Personenfahrzeug.
Pritsche und Tiefladepritsche sowie das Fahrgestell (für Aufbauhersteller) bildeten den Einstieg in die Transporter-Welt. Je nach Radstand waren Single- oder Doppelkabinen kombinierbar. Der lange Radstand vergrößert bei der Einzelkabine die Größe der Ladefläche. Sie wuchs von etwa 4,75 auf zirka 5,50 Quadratmeter. Die Höhe der zu allen Seiten abklappbaren Aluminium-Bordwände betrug 39 Zentimeter. Die Doppelkabine wies eine Ladefläche von 4,05 Quadratmetern auf. Neben dem Staufach unter der serienmäßigen Beifahrer-Sitzbank befand sich in der Doppelkabine ein weiterer Stauraum unter der Rückbank. Zusammen mit dem großen Sonderausstattungsprogramm und den werkseigenen Spezialausstattungen bot diese Vielfalt für nahezu jede Aufgabe eine Transportlösung.
Beim Kastenwagen wurde die Anzahl der Modell-Möglichkeiten noch deutlicher. Er konnte mit einer oder zwei Schiebetüren, Heckklappe oder Flügeltüren, einem oder zwei mittigen Fenstern (Halbkasten) und mit normalem Blechdach, Mittelhochdach oder Hochdach bestellt werden. Eine Trennwand hinter den Sitzen? Kein Problem. Halbhoch oder hoch? Mit Fenster oder ohne? Ein Hochdach mit hoher Schiebtür? Alles machbar. Volkswagen Nutzfahrzeuge konnte mit dem T6 wohl so ziemlich jeden Kundenwunsch erfüllen. Der Kombi bildet den Übergang zum Personentransporter, musste aber nicht zwingend mit Sitzbänken geliefert werden. Der Caravelle wies zwar das Nutzfahrzeug-Armaturenbrett auf, bot aber deutlich mehr Komfort, was ihn besonders bei großen Familien beliebt machte, die nicht die Variabilität eines Multivan benötigten. Was nicht heißt, dass man ihn nicht auch zum Transport von großen Dingen verwenden konnte. Die für den Caravelle erhältlichen Bänke im Fahrgastraum waren ohne Werkzeug ausbaubar, während sich die 3er-Bank auch »wickeln« ließ. Außerdem konnten alle Banklehnen zum Sandwich auf die Sitzpolster geklappt werden.

Den Halbkasten gab es in verschiedenen Varianten, mit Trennwand und zweiter Sitzreihe oder aber auch mit ganz offenem Laderaum.

Die Hochdach-Variante war ausschließlich mit langem Radstand erhältlich und besaß stets ins Dach reichende Flügeltüren. Eine erhöhte Schiebetür war gegen Aufpreis erhältlich.

Speziell für Gärtner entwickelte die Heinz Schutz GmbH diesen isolierten Sandwichkofferaufbau mit absenkbarem AL-KO-Chassis.

Der lange Radstand vergrößerte bei der Einzelkabine die Fläche der Pritsche auf gut 5,50 Quadratmeter.

5,80 Kubikmeter Stauvolumen bot der Kastenwagen mit normalem Radstand und hoher Trennwand.

Der Hersteller Bösenberg baute dieses NEF (Notarzt-Einsatzfahrzeug) auf Basis des T6 Halbkasten für die Feuerwehr aus.

Der Multivan 6.1 präsentierte sich stets vernetzt mit neuen interaktiven Assistenz- und progressiven Infotainmentsystemen.

Wie auch seine Vorgänger war der T6.1 vielseitig einsetzbar, hier als Feuerwehr-Mannschafts- und Krankentransportwagen.

An sich handelt es sich bei dem T6.1 um das dritte Facelift des einstigen T5. So gesehen ist das 2003 lancierte Modell der am längsten gebaute VW Transporter (2003-2023), noch vor dem T1, der mit 17 Jahren Produktionszeit glänzen kann.

Jede der sechs Transporter-Generationen machte vor allem als Kastenwagen das Handwerk in Deutschland mobil.

Finales Facelift

Zum Modelljahr 2020 spendierte Volkswagen dem altgedienten Transporter noch ein letztes Facelift. Offizielle Bezeichnung: T6.1. Genau betrachtet aber eigentlich nur ein dreifach geliftèter T5. Zumindest optisch. Chefdesigners Albert Kirzinger hat bewusst allein die Frontpartie weiter geschärft. Kirzinger: »Der T6.1 steht mit noch mehr Präsenz auf der Straße. Wir haben jetzt einen sehr großen Lufteinlass, den wir technisch auch wirklich für die modernen Motoren brauchen. Gleichzeitig konnten wir die Breite betonen und einen noch schärferen Blick entwickeln.« Seitlich und am Heck änderte sich – bis auf die Grafik der Rückleuchten – tatsächlich nichts.

Im digitalisierten Interieur gab es eine neu gestaltete Instrumententafel, die das Team um Kirzinger konsequent auf die digitale Welt zuschnitt. Sie schufen die Voraussetzungen, um im T6.1 das »Digital Cockpit«, also volldigitale Instrumente, und die dritte Generation des Modularen Infotainmentbaukasten (MIB3) integrieren zu können. Wichtigstes neues Ausstattungsfeature aller Infotainmentsysteme

war eine integrierte SIM-Card (eSIM). Mit ihr öffnete sich ein neues Spektrum online-basierter Funktionen und Services, wie man es mittlerweile von modernen Fahrzeugen gewohnt ist.

Bei den Nutzfahrzeugen sorgten neue Detaillösungen für einen perfektionieren Arbeitsalltag. Dazu gehörten eine 230-Volt-Steckdose am Fahrersitz und ein abschließbares Fach in der Doppelsitzbank auf der Beifahrerseite. Neu konzipiert wurde zudem eine Lademöglichkeit für besonders langes Transportgut. Es konnte nun Dank der Unterladefunktion bis unter die Beifahrerdoppelsitzbank geschoben werden.

Neue Strategie bei VW

Nach gut 20 Jahren hat die T5/T6-Modellreihe 2023 ausgedient. 2024 wird es einen T7-Nachfolger geben, der aber nur die Basis der Nutzfahrzeuge bildet. Der neue Multivan, bereits 2021 erschienen, mausert sich zu einer eigenen Modellreihe, auf der auch künftige California-Camper aufbauen werden. Und dann gibt es ja noch den ID.Buzz. Bus-Fans haben also mehr Auswahl denn je!

Tatsächlich war der T6.1 das erste Modell von Volkswagen Nutzfahrzeuge mit neuem »Digital Cockpit«.

Ohne Frage war auch der T6.1 wieder in allen bekannten Karosserievarianten erhältlich, zum Beispiel als Doppelkabine.

DER VW MULTIVAN

Seit 2022

Nein, der neue Multivan ist nicht der T7, auch wenn der Volksmund ihn schon so taufte. Bislang gibt es ihn in einer kurzen und langen Version, wobei beide Karosserievarianten über denselben Radstand verfügen. Nachfolger von California, Caravelle sowie den Nutzfahrzeugvarianten des T6 wird es zwar 2024 geben, ob die allerdings optisch dem neuen Multivan ähneln werden, ist eher fraglich. Der wirkt mit seiner geringeren Höhe und den veränderten Proportionen nämlich mehr wie ein Van als ein Bus.

Lounge-Gefühl kommt im Cockpit auf, das serienmäßig mit digitalen Instrumenten ausgestattet ist.

Wie man es vom Multivan gewöhnt ist, lässt sich aus den Sitzreihen auch ein Bett für eine Nacht zaubern.

Beim neuen Multivan gibt es zwar wieder zwei unterschiedlich lange Varianten, die aber beide über denselben Radstand verfügen. Lediglich der hintere Überhang differiert – hier im Bild ist das kurze Modell zu sehen.

Das hochvariable Tischsystem kann in allen drei Sitzreihen angeordnet werden.

Ein zweiteiliges, abgedunkeltes Panoramaglasdach ist für den Multivan gegen Mehrpreis erhältlich.

Mit dem hochmodernen und 150 PS starken 2-Liter-TDI-Motor hat der Multivan eine Reichweite von 1000 km.

Schon bevor Volkswagen 2021 den neuen Multivan vorstellte, kritisierten Fans und Medien die für einen VW Bus ungewöhnlichen Proportionen, die erste Fotos von getarnten Prototypen bereits erahnen ließen. Der verlängerte Vorderwagen, die um fast fünf Zentimeter auf 1,9 m geschrumpfte Höhe sowie die um 3,7 Zentimeter auf stolze 1,94 Meter gewachsene Breite lassen den Nachfolger des T6-Multivans wie einen gewöhnlichen Van erscheinen. So wundert es nicht, dass man bei VW von einem Multi Utility Vehicle, abgekürzt MUV, spricht.

Wie flexibel der auf Familien und sportlich aktive Menschen zugeschnittene Multivan ist, zeigt sich im gegenüber dem Vorgänger gewachsenen Innenraum, was aus dem um 12,4 Zentimeter auf 3,12 Meter verlängerten Radstand resultiert. Die kurze (4,97 Meter Gesamtlänge) und die lange Version (5,17 Meter) haben hier, anders als in der Vergangenheit, das gleiche Maß. Den Unterschied macht lediglich der hintere Karosserieüberhang, was dem Kofferraumvolumen zugutekommt. Der mit fünf oder wahlweise sieben Einzelsitzen ausgerüstete Multivan bietet mindestens 469 Liter und maximal 4053 Liter Volumen. Die auf einem Schienensystem verschiebbaren Sitze ermöglichen so völlige Flexibilität, was den Stauraum angeht. Motorräder oder teure Fahrräder lassen sich ohne großen Aufwand auch im Innenraum transportieren, ohne gleich die Sitzmöbel demontieren zu müssen. Und sollten die Sessel, drehbar in der mittleren Sitzreihe, doch mal stören, lassen sie sich auf Grund ihres geringen Gewichts (je nach Ausstattung 23 bis 29 Kilo) leicht ausbauen. Dasselbe gilt für den Tisch mit integrierten getränkehaltern: Auch er ist frei auf den Schienen positionierbar und im Bedarfsfall herausnehmbar.

Multimediale Welt

Eine Brücke in die digitale Welt schlägt der Multivan mit seiner ebenfalls vollständig neu entwickelten Instrumententafel und der hier integrierten Displaylandschaft. Serienmäßig ist sie mit digitalen Instrumenten sowie dem Infotainmentsystem „Ready 2 Discover“ ausgestattet. Über eine Online-Control-Unit holt das System serienmäßig verschiedenste Online-Services und -Funktionen an Bord. Deutlich erweitert wurde das Spektrum der Assistenzsysteme. Stets serienmäßig: Car2X (lokales Warnsystem), »Front Assist« inklusive Umfeldbeobachtungssystem, der Spurhalteassistent »Lane Assist«, eine Ausweichunterstützung mit neuem Abbiegeassistent, die Verkehrszeichenerkennung und die Geschwindigkeitsregelanlage. Zu den innovativen neuen Systemen gehört der »IQ.Drive Travel Assist«, der das teilautomatisierte Fahren von Null bis 210 km/h ermöglicht. Zwei USB-C-Schnittstellen sind ab Werk vorhanden, ebenso eine für Handys. Gegen Aufpreis gibt es vier weitere USB-C-Schnittstelen im Fahrgastraum, damit auch die hinten Sitzenden ihre Mobiltelefone und Tabletts laden können.

Geladen werden kann auch der Multivan, zumindest wenn er mit der Topmotorisierung ausgerüstet ist, dem Plug-in-Hybridsystem. Das kombiniert den bekannten 1,4 Liter TSI-Vierzylinder mit einem Elektromotor und sorgt für eine Systemleistung von 218 PS und 350 Nm Drehmoment. Der Hightech-Antrieb bringt das lokal emissionsfreie Fahren mit sehr großen Reichweiten und einem niedrigen Gesamtverbrauch in Einklang. Der Multivan mit Plug-in-Hybridantrieb

trägt die Zusatzbezeichnung eHybrid, seine Batterie fasst 10,4 kWh, womit 46 Kilometer rein elektrisch zurückgelegt werden können. Die Beschleunigung liegt bei glatten neun Sekunden aus dem Stand auf 100 km/, der Vortrieb endet bei ausreichenden 192 km/h. Geschaltet wird mittels eine 6-Gang-DSG-Getriebes. Über einen Gang mehr verfügen die DSG-Schaltboxen der reinen Verbrenner-Modelle. Dazu gehören zwei Benziner und ein Diesel. Die TSI-Triebwerke verfügen über 1,5 oder 2,0 Liter Hubraum und leisten 136, respektive 204 PS. Die Topspeed des kleinen Benziners liegt bei 182 km/h, der große kommt auf 200 km/h Höchstgeschwindigkeit.
Der hochmoderne TDI-Antrieb überzeugt mit Verbrauchswerten, die lange unerreichbar schienen – und einem Drehmoment, das sich sehen lassen kann: 360 Nm stehen zur Verfügung, außerdem bringt es der Zweiliter auf 150 PS und erreicht eine Vmax von 190 km/h. Der Durchschnittsverbrauch soll bei unter sieben Litern auf 100 Kilometern liegen.

Horizontale Rückleuchten tragen zur Van-artigen Optik bei, bislang trugen Busse hinten senkrechte Lichter.

Ausstattungslinien für jeden Geldbeutel

Erhältlich sind alle vier Antriebs-Möglichkeiten für alle momentan verfügbaren Ausstattungslinien. Den Einstieg macht der schlicht »Multivan« genannte 5-Sitzer, darüber ist der »Life« angesiedelt, der serienmäßig sieben Sitze parat hält. Der »Edition« zeigt sich schon äußerlich sportlich mit seinem immer schwarz lackierten Dach, A-Säulen und Heckspoiler, LED-Matrix-Scheinwerfern und 18-Zoll-Leichtmetallfelgen. »Style« nennt sich das komfortable Spitzenmodell mit elektrischen Schiebetüren und allerlei anderer Annehmlichkeiten. Die elegante Zwei-Farben-Lackierung kostet aber auch hier Aufpreis. Zurückhaltend gibt sich momentan noch die Zubehörindustrie. Natürlich gibt es schon einige Anbieter von passenden Campingboxen, Schlafsystemen und Verdunklungen, aber die ganz große Schwemme lässt gerade angesichts der noch nicht vervollständigten Modellpalette (Caravelle, California) auf sich warten. Die lange Variante des Multivan findet aber schon als nobles Shuttle, Großraumtaxi und Funkmietwagen Verwendung.

Dass der Multivan sich für mehr eignet als nur für den Transport von Kindern oder sperrigen Sportgeräten, sollte klar sein. Auch als Großraumtaxi, nobles Shuttle oder Funkmietwagen ist er bestens geeignet.

218 PS Systemleistung und 350 Nm Drehmoment liefert der Hybrid mit 1,4-Liter-Verbrenner und E-Motor.

Als Plug-In-Hybrid, Benziner oder Diesel ist die sportliche Ausstattungslinie »Edition« zu haben.

Bis zu sieben Personen sitzen bequem in der Langversion des Multivans – und dann bleibt immer noch Stauraum in Höhe von 763 Litern, rund 100 mehr als beispielsweise in einem VW Passat Variant!

Mit dem zweiteiligen Panoramaglasdach wird das luftige Raumgefühl des Multivan noch mal verstärkt.

Der lange Multivan verdankt den Raumzuwachs 20 Extra-Zentimetern am hinteren Karosserieüberhang.

DER VW ID.BUZZ

Seit 2022

Bereits 2001 spielte man bei VW mit dem Gedanken einen Bus im Retro-Design auf den Markt zu bringen und präsentierte die Microbus-Studie. Die Umsetzung scheiterte jedoch an der fehlenden Kompatibilität mit der T5-Plattform. Später wurde das Projekt als BUDD-e wiederbelebt und schließlich als ID.Buzz 2022 auch realisiert.

WOB A 176E

Serienmäßig rollt der ID.Buzz auf 18-Zoll-Rädern, aber ab Werk sind bis zu 21 Zoll möglich.

Die Kofferraumkapazität beim ID.Buzz ist doppelt so hoch wie bei einem vergleichbaren SUV.

250 mm mehr Radstand und entsprechend mehr Innenraum bietet der lange ID.Buzz. Der Siebensitzer verfügt über einen 286 PS Elektromotor und kann optional mit einem riesigen Glasdach versehen werden, dass von transparent bis blickdicht verstellbar ist.

Die zweite Sitzreihe ist verschieb- und natürlich auch im Verhältnis 1/3 zu 2/3 umklappbar.

Typisches Bulli-Feeling stellt sich mit der hohen Sitzposition im aufgeräumten Cockpit ein.

Mit dem kurzen Radstand einher geht bislang die kleine Motorisierung mit 204 PS und 145 km/h Topspeed.

Volkswagen hatte mit dem neuen Elektro-Van den richtigen Riecher, das beweisen die vollen Auftragsbücher. Trotz seines nicht günstigen Einstiegspreises feiern und lieben ihn die Kunden. Bei dem Design kein Wunder. Wie der erste Bulli aus dem Jahr 1950 ist das neue Modell klar und funktionell gezeichnet, zugleich weckt es viele Emotionen. Schon die Frontpartie zeigt, wie stark das neue Modell die Design-DNA des T1 aufgreift und damit beim Betrachter ein Lächeln auslöst. Die v-förmige Front und das große, prominente VW-Logo verleihen der Front ihren charismatischen Look, eine Lichtleiste verbindet die Scheinwerfer miteinander und sorgt so auch bei Nacht für einen unverwechselbaren Auftritt. An der Flanke und am Heck setzt sich die Trennung des Designs in einen oberen und einen unteren Karosseriebereich fort. Besonders augenfällig wird sie mit den optionalen Zweifarblackierungen, einer weiteren Reminiszenz an den Bus der ersten Generation. Der Radstand des ID.Buzz beträgt 2,99 Meter und damit knapp 50 Zentimeter mehr als beim T1. Wie beim Urahn sind die Räder weit außen an den Ecken untergebracht, was für eine gute Raumökonomie spricht. Exterieurdesigner Einar Castillo Aranda bestätigt: »Die Plattform mit ihren kompakten Antriebskomponenten hat es uns erlaubt, die vorderen Räder weit vorn anzuordnen und den Fahrer oder die Fahrerin vorn und relativ hoch ins Auto zu setzen. Das Ergebnis ist eine monolithische Silhouette mit einer harmonisch integrierten Haube.«

Im Innenraum setzt sich die klare Linie fort, inspiriert vom Urahn. Vor der Fahrerin oder dem Fahrer macht sich ein geradliniges Armaturenbrett mit ruhigen, übereinander angeordneten Elementen breit. Darin enthalten: das smarte Bedienkonzept mit dem Multifunktionslenkrad und den beiden digitalen Displays. Dank des kompakten Elektroantriebs und der im Fahrzeugboden integrierten Batterie entstand ein Raumkonzept mit großem Platzangebot, das die Insassen mit ihren Bedürfnissen noch mehr in den Mittelpunkt rückt. Es hält für den Fahrer oder die Fahrerin sowie für die Passagiere viel Platz und zahlreiche Ablagen und Schnittstellen bereit, zudem ist das Raumgefühl großzügig, luftig und licht. Die vorderen Sitze im ID.Buzz sind – typisch Bulli – vergleichsweise hoch angeordnet und mit Armlehnen ausgestattet. In zweiter Reihe befindet sich eine verschiebbare 3er-Sitzbank, die natürlich im Verhältnis 1/3 zu 2/3 klappbar ist. Der Kofferraum vergrößert sich dann von 1121 Liter auf 2205 Liter, wenn dachhoch geladen wird.

Vortrieb nur elektrisch

Geladen ist auch das Stichwort, wenn es zum Antrieb kommt. Der besteht aus einem an der Hinterachse montierten Elektromotor mit 204 PS Leistung und einem Drehmoment von 310 Nm. Damit beschleunigt der E-Bulli in 10,2 Sekunden auf 100 km/h, die Höchstgeschwindigkeit ist bei 145 km/h abgeregelt. Dank der verbauten 77-kWh-Batterie (82 kWh brutto) kommt der ID. Buzz nach WLTP-Messung bis zu 423 Kilometer weit mit einer Akkufüllung. Die Langversion mit dritter Sitzreihe verfügt über 286 PS, beschleunigt auf 100 km/h in 7,9 Sekunden und läuft begrenzte 160 km/h. Der Allradler GTX mit 339 PS folgt in Kürze.

Erstaunlich handlich und vor allem wendig zeigt sich zumindest der nur 4,71 Meter kurze ID.Buzz. Schlägt man das Lenkrad bis zum An-

schlag ein, reicht eine zweispurige Straße aus, um eine Kehrwende in einem Zug zu vollführen. Der Wendekreis beträgt nämlich gerade Mal 11,1 Meter, ein VW Polo benötigt mit 10,6 Metern nur unwesentlich weniger Raum.
Selbstverständlich ist der ID.Buzz auch in Sachen Assistenzsysteme und Konnektivität auf dem neusten Stand. Software-Updates können natürlich Over-the-Air aufgespielt werden. Serienmäßig verfügt der Elektro-Bus über das Car2x-System, mit dem sich Fahrzeuge gegenseitig vor Gefahren warnen können, sowie über proaktiven Insassenschutz. Eine der neuen Optionen ist der Parkassistent, der sich den Weg zu einem immer wieder gewählten Parkplatz merkt, zum Beispiel vor dem eigenen Haus oder auch den Stellplatz in der Firma. Per Memory-Funktion kann der Fahrer Parkmanöver abspeichern, die der Wagen danach automatisch per Knopfdruck ausführt. Das System ist in der Lage, sich bis zu fünf verschiedene Parkplätze zu merken und auf den letzten Metern passend zu rangieren. Dabei setzt der Wagen auch automatisch vor und zurück, wenn nötig.
Digitales Cockpit, Internetverbindung, mobile Online-Dienste und integrierte Sprachsteuerung gehören im ID.Buzz selbstverständlich zum Standard. Mittels App-Connect lassen sich komfortabel Musik, Hörbücher oder Nachrichten vom Smartphone auf das optional bis zu 12 Zoll große Touch-Farbdisplay des Infotainment-Systems übertragen, mit dem man zahlreiche Funktionen wie etwa das DAB+ Radio bedienen kann. Außerdem können die Passagiere ihre Smartphones und Laptops mit bis zu 45 Watt Leistung schnellladen. Die Langversion kann zusätzlich mit einem riesigen Glasdach ausgestattet werden.

Idealer Werbeträger

Die Hoffnung auf ein schnelles Erscheinen eines ID.Buzz California zerstreut VW allerdings. Vor 2025 oder 2026 sei nicht mit einem Camper zu rechnen, heißt es aus Wolfsburg. Wer nicht so lange warten möchte, der könnte sich eventuell an den Ausbau der Lieferwagen-Variante wagen. ID.Buzz Cargo nennt sich der Bus ohne hintere Seitenscheiben. Natürlich ist er hauptsächlich für Handwerker und Gewerbetreibende gedacht, allerdings lässt sich in dem 3900 Liter fassenden Laderaum sich auch eine clevere Schlafstätte einrichten. Die ist allerdings durch eine – optional mit Fenster versehenen – Trennwand von der Fahrerkabine abgeschottet, die im Gegensatz zur zivilen Variante mit einem Einzelsitz und einer Zweierbank aufwartet. Weiter Besonderheiten der gewerblichen Variante: In der Grundausführung verfügt sie nur über eine Schiebetür auf der Beifahrerseite und über eine Heckklappe mit Scheibe. Gegen Aufpreis sind auch Flügeltüren am Heck sowie eine zweite Schiebetür erhältlich.
Wie nicht anders zu erwarten, haben sich die ersten Firmen auf die momentan vorhandenen zwei ID.Buzz-Versionen gestürzt und erste Auf- und Umbauten vorgestellt. So stellte der deutsche Aufbauhersteller Bösenberg eine Notarzt-Ausführung als seriennahe Studie vor. Bis zu drei Personen haben an Bord Platz, der Laderaum wurde zum Arbeitsplatz für den Arzt und dessen medizinische Ausstattung umgerüstet. Für die Sondersignaltechnik ist eine zweite Batterie verbaut, so dass die elektrische Reichweite nicht beeinträchtigt wird. Einen Kofferaufbau mit separater Kabine präsentierte der niederländische Aufbauhersteller Veth Automotive. Das Ladevolumen steigt

Serienmäßig kommt der ID.Buzz Cargo mit Flügeltüren statt Heckklappe und einer Schiebetür daher.

Beim Miele Kundendienst hielt gleich eine ganze Flotte an ID.Buzz Cargo mit speziellem Ausbau Einzug.

Im Vergleich zum Fenster-ID.Buzz ist das Armaturenbrett im Cargo etwas nüchterner und einfacher gehalten.

Witzige Details finden sich überall an VWs Elektro-Bus, wie hier die Pause- und Play-Symbole auf den Pedalen.

Mit einer Reichweite von 423 Kilometern ist der ID.Buzz Cargo nicht nur für die Stadt ideal, sondern auch für Überlandfahrten. In seinem 3900 Liter fassenden Laderaum können Gegenstände bis knapp über zwei Meter Länge transportiert werden.

Auf der IAA Transportation 2022 präsentierte Aufbauspezialist Wükaro einen ID.Buzz als Kühlfahrzeug.

Veth Automotive ist der erste Hersteller gewesen, der einen Kofferaufbau für den ID.Buzz entwickelte.

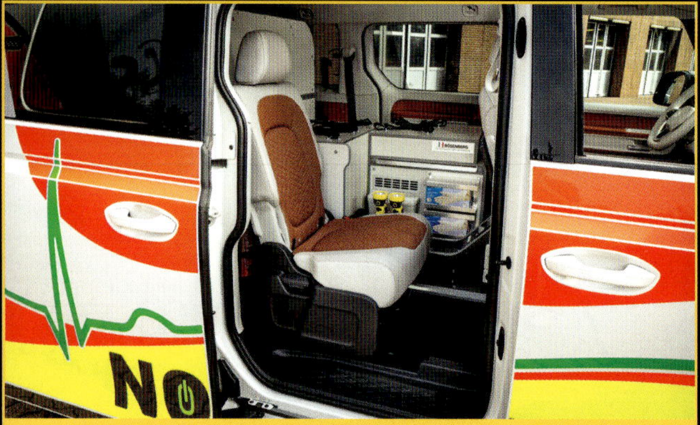

Der Laderaum wurde zum Arbeitsplatz für den Arzt und dessen medizinische Ausstattung umgerüstet.

Mit ins Konzept eingebunden ist auch die Sondersignaltechnik, die über ein separates Display bedient wird.

Bei diesem Notarzt-Fahrzeug von Aufbauhersteller Bösenberg handelt es sich noch um eine Studie, aber eine recht seriennahe. Bis zu drei Personen haben in dem vollelektrischen Einsatzfahrzeug Platz.

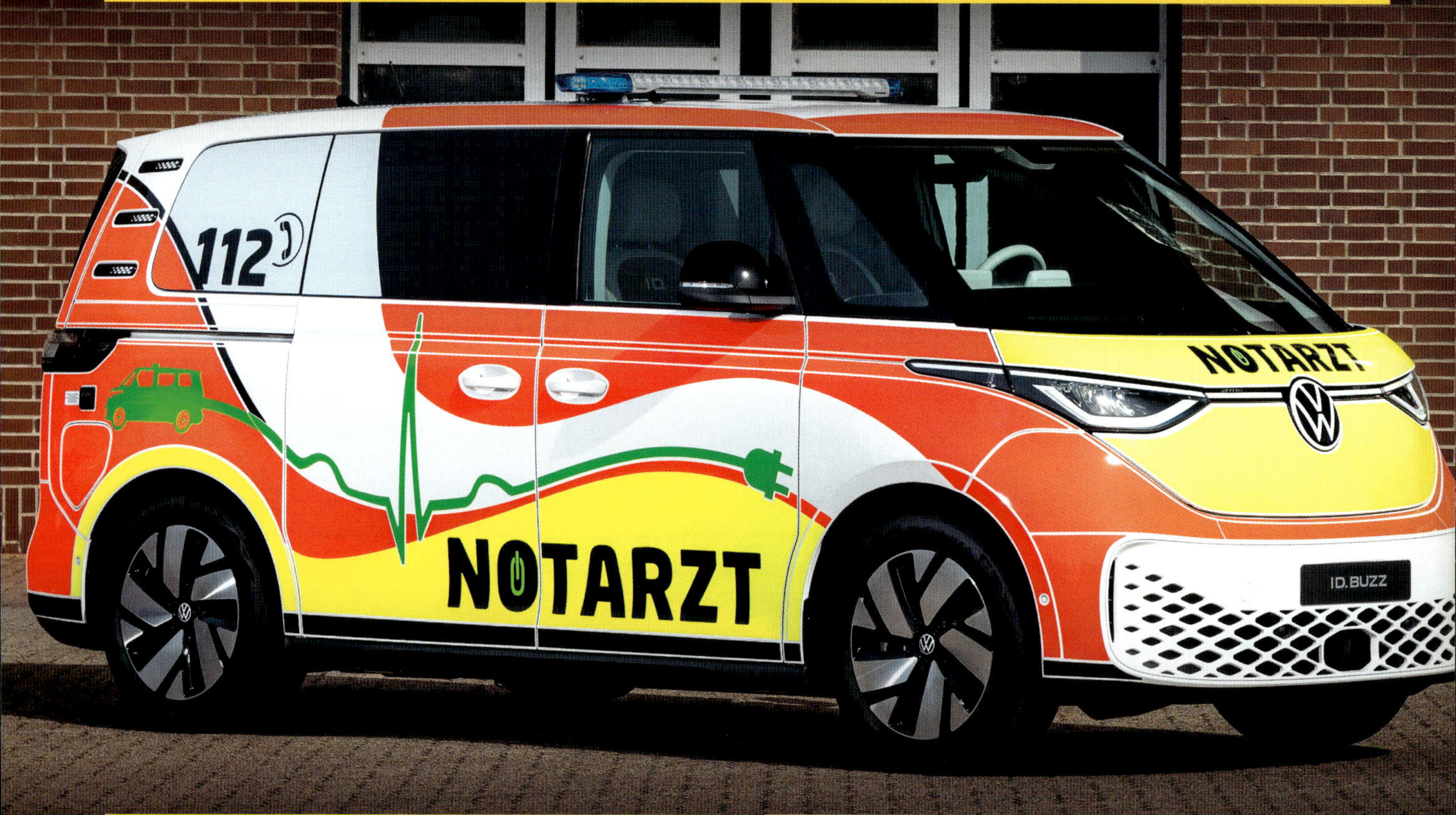

KW Suspensions und BBS bauten in Zusammenarbeit diesen im Hippie-Style folierten ID.Buzz auf. (Foto: © Georg Otto)

Noch ist nichts entschieden, aber bei Prior Design gibt es schon Ideen für einen ID.Buzz Body Kit. (Foto: © Prior Design)

Mit der Ququq-Box, komplett mit Bordküchenmodul und Schlafauflage, wird der ID.Buzz zum kleinen Camper.

JP Performance verpasste dem ID.Buzz ein KW-Fahrwerk sowie 9 und 11,5x22 Zoll große Rotiform-Räder. (Foto: © JP Performance)

Die niederländische UMCG Ambulance Care ließ einen ID.Buzz für Versuchszwecke von Visser umbauen. (Foto: © Visser)

durch den Koffer von 3,9 Kubikmeter auf beachtliche 6,0 Kubikmeter. Bis zu 680 kg Nutzlast nimmt der ID.Buzz Cargo damit auf. Die Seitenwände und das Heck des Koffers lassen sich mit klassischen Türen, Schiebetüren und/oder Jalousien ausstatten. Dadurch wird garantiert, dass zum Beispiel Kurierfahrer die Pakete von jeder beliebigen Seite erreichen können. Die Studie ist auf der Beifahrerseite mit einer tief nach unten reichenden Tür, auf der Fahrerseite mit einer Jalousie und im Heck mit großen Flügeltüren ausgestattet. Zudem gibt es rundum Freiflächen für Firmenlogos und Werbung. Innen ist die Box mit einem Boden ausrüstet, der das Verrutschen der Ladung verhindert und nicht verschleißt.

Mithilfe einer Campingbox verwandelt der deutscher Hersteller Ququq den ID.Buzz zum ersten Mini-Camper der Branche. Die »BusBox-4« soll so gut wie alles bieten, was für ein Leben unterwegs erforderlich ist: Zur Kiste gehören ein Tisch, eine Spüle, ein Gaskocher mit zwei Flammen und eine Frischwasserversorgung mit zwei 10-Liter-Tanks. Für die individuelle Aufbewahrung bietet die Campingbox zudem zusätzlichen Stauraum sowie Platz für eine Kühlbox und ein ausklappbares Bett mitsamt einer 125 mal 195 Zentimeter großen Matratze.

Spielplatz für Tuner und Customizer

Die Werbewirksamkeit des Elektro-Vans ist natürlich auch den Tunern bewusst. So stellten KW Suspensions und der Felgenhersteller BBS einen bunt folierten ID.Buzz auf der Essen Motorshow 2022 vor. Der im Look der Hippiebusse daherkommende Van lag Dank des KW-Variante-3-Fahrwerks vorne 45 mm (Minimum 25 mm) und hinten 35 mm (Minimum 15 mm) tiefer. Selbstverständlich lassen sich die Dämpfer in Zug- und Druckstufe variieren. Damit die Radhäuser gut ausgefüllt sind, montierte BBS speziell für den ID.Buzz gefertigte CI-R Leichtmetallfelgen aus der Unlimited-Serie. Die 9,5x21 und 10,5x21 Zoll großen Räder wurden mit Bereifungen in den Abmessungen 235/45 R21 und 264/40 R21 versehen. Noch ein Zoll mehr im Durchmesser weisen die Rotiform-Alus auf dem ID.Buzz von JP Performance auf. Gigantische 9 und 11,5x22 Zoll messen die Rundlinge, die den ebenfalls mit einem KW-Fahrwerk ausgerüsteten Volkswagen der Dortmunder Tuning-Schmiede zieren.

Mit Sicherheit sind das aber nur die Anfänge, denn der ID.Buzz bietet noch mehr Potential für Umbauten, Sonderaufbauten und sonstige Modifikationen – wie schon seine Ahnen mit Verbrennungsmotor.

Die Schweizer AMAG stellte einen ID.Buzz im Polizei-Outfit mit Hänsch-LED-Sondersignalanlage vor. (Foto: © AMAG)

WESTFALIA
KA-MK 811

VOLKSWAGEN WOHNMOBILE

Die Geschichte des VW-Wohnmobils ist in den ersten beiden Jahrzehnten eine Geschichte des Westfalia-Wohnmobils. Natürlich gab – und gibt – es noch viele andere Firmen, die sich mit der Verwandlung eines Transporters zum Wohnmobil beschäftigten, doch ohne die zum Transporter passende Camping-Box wären die VW-Wohnmobile California, Atlantic und Co. nicht denkbar gewesen. Diesel Kapitel gibt einen groben Überblick über die bunte Szene, die sich in den vergangenen Jahrzehnten entwickelte.

Die erste Wohneinrichtung war die 1951 von Westfalia vorgestellte Campingbox, bereits 1952 folgten ein Vorzelt und weiteres Zubehör.

1961 wurde das Westfalia-Wohnmobil als »Campingwagen« in die offiziellen VW-Verkaufsunterlagen aufgenommen.

1963er VW T1 Campmobile mit »Campette«-Dachzelt.

Im Prospekt wurde erklärt, wie sich das Wohnmobil in einen Schlafwagen verwandeln ließ, samt Kinderbett im Fahrerhaus.

VON DER CAMPINGBOX ZUM WOHNMOBIL

Die tolle Kiste für den reisenden Gentleman wurde zur Geburtsstunde des deutschen Wohnmobils. Entwickelt und gebaut hat sie die Firma Westfalia. Das Unternehmen im westfälischen Rheda-Wiedenbrück war 1844 von Johann Bernhard Knöbel gegründet worden, einem Schmied, der 1876 seine erste Kutsche vorstellte. Sein Sohn Franz ließ 1922 den Namen »Westfalia« ins Handelsregister eintragen, dessen Sohn (wiederum auf den Namen Franz getauft) ließ sich 1931 die Kugelkopfkupplung patentieren: Bis heute gibt es keine bessere Möglichkeit, Fahrzeug und Anhänger miteinander zu verbinden. Natürlich fand man in Wiedenbrück auch bald Verwendung für die neue Erfindung: 1935 entstand der erste Westfalia Wohnanhänger, Typ »Landstreicher«, der vier Schlafplätze, Küche und viel Stauraum bot. Nach dem Zweiten Weltkrieg spezialisierte man sich zunehmend auf die Herstellung von Personenwagen-Anhängern, 1949 brachte man einen Wohnanhänger für VW heraus (400 kg), ebenso einen VW-Spezialanhänger für eine Nutzlast von 250 kg, der 765 Mark kostete.

1951 kam dann die Camping-Box, sie konnte quer hinter die Vordersitzbank des Transporters gestellt werden. Die Einrichtung wurde ins Auto gestellt und am Sonntagabend wieder herausgenommen; von Montag bis Samstag blieb der VW ein Nutzfahrzeug. Wem die beiden Schubladen der Box als Ablage nicht genügten, der konnte sein »rolling home« mit einem Schrank vervollständigen. Das Holzmöbel hatte Rolltüren und füllte exakt den Gepäckraum oberhalb des Motors aus. Besonders hoch oder gar geräumig konnte er demzufolge gar nicht sein, wer seine Kleider dort verstauen wollte, musste sie legen. Hängen war nicht möglich. Kein Wohnmobil ohne Schlafstätte, dank der Westfalia-Box (die auch, so zumindest die Werber, zur Möblierung des häuslichen Gästezimmers dienen sollte) konnten zumindest drei Personen übernachten, sofern sie nicht länger als 1,83 Meter waren (was übrigens bis zu den T3-California-Modellen auch nicht anders aussah). Nur zur Erinnerung: Die Innenraumbreite eines VW Transporters betrug nicht mehr als 157 Zentimeter, drei in einem Bett dürften nicht allzu komfortabel genächtigt haben... Zusätzlich konnten dort, wo normalerweise Fahrer und Copilot saßen, zwei Kinder schlafen, sofern die Rücklehne hochgestellt worden war. Sogar ein eigenes Waschkabinett, unterzubringen am hinteren Flügel der seitlichen Klapptür, war lieferbar. Kochen konnte man natürlich auch, ein einflammiger Herd (wahlweise mit Benzin oder Spiritus zu betreiben) gehörte ebenfalls zur Grundausstattung der Wunderkiste. Laut Preisliste kostete die Box (»mit 4 1a bezogenen Haargummi-Polsterauflagen«) 595 Mark, der Wäscheschrank über dem Motor kam auf 125 Mark und der an die Tür anschraubbare »Wasch- und Rasierschrank« schlug mit 62,50 Mark zu Buche.

Obwohl der Erfolg dieser Box in Deutschland eher bescheiden war, erschien 1952 bereits ein zum Bus passendes Polyester-Vorzelt. Es war rot-weiß gestreift und fast so lang wie das Fahrzeug; ein Jahr später wurde dann das Faltschiebedach des acht- bis neunsitzigen Busmodells angeboten, das laut Prospekt »ideale Möglichkeiten für Jagd, Foto und Film« bot. Die meisten Camping-Boxen gingen in die USA, Westfalia veröffentlichte einen ersten Farbprospekt,

Bereits 1958 hatte Westfalia eine eigene Wohnmobil-Fertigungsline in Betrieb genommen, zeitweise wurden täglich 55 VW-Busse umgebaut, vornehmlich für den Export in die USA.

der den Amerikanern den VW-Einbausatz schmackhaft machen sollte. Mitte der 50er Jahre intensivierte sich die Zusammenarbeit zwischen Wolfsburg und Wiedenbrück, Westfalia baute im Auftrag der Nutzfahrzeug-Vertriebsabteilung gebrauchte Kastenwagen um; 1958 nahm Westfalia schließlich ein Montageband für Wohnmobile in Betrieb. Ein Jahr zuvor war der VW-Campingwagen erstmals im offiziellen VW-Programm gelistet worden. Die Box verfügte über einen fest eingebauten Gas-Kocher und bot jetzt auf Grund des nun üppigeren Raums über dem Motor einen größeren Kleiderschrank, so dass Kleidungsstücke auch aufgehängt werden konnten. Außerdem waren die Seitenwände verkleidet und teilweise isoliert worden. Von diesem ersten Campingwagen wurden rund 1000 Stück verkauft. 1960 debütierte der Transporter schließlich als richtiges Wohnmobil: Innenverkleidungen, Isolation und ein fest installierter 90 Liter-Wassertank gehörten zur Grundausstattung, dazu gab es Schranktüren und geraffte Gardinen.

Kein unerfüllbarer Luxus?

»Autowandern mit eigenem Hotel – kein unerfüllbarer Wunschtraum mehr, kein Luxus, den sich nur wenige leisten können!«, freuten sich die Wolfsburger Werber, die den Campingwagen (»VW-Camping-Einrichtung de Luxe«) im offiziellen Transporter-Programm des Jahres 1961 mit anpriesen. Das Wohnmobil Westfalia »SO 34« (Sonderausführung 34) verfügte nun über eine Campingeinrichtung mit Kunststoff-Oberfläche in Grauweiß anstelle des bisherigen Holzfurniers, vor allem aber über ein serienmäßiges Hubdach. Die 1963 präsentierte SO 35 hatte dieses Holzdekor und war optional mit einem mit Polyester-Faltdach (Aufpreis 1675 Mark) zu haben. Dieses war zur Fahrerseite hochklappbar, hatte eine maximale Innenhöhe von 2,47 Metern und hatte zwei Schlafmöglichkeiten in Form von Hängematten. Darüber hinaus bot Volkswagen unter der Nummer SO 22 eine Bausatz-Programm für den Campingwagen an. Letztes offizielles Wohnmobil der T1-Generation war das 1966er Wohnmobil Westfalia SO 42: Innenverkleidung, Dachstaukasten, Kühlbox mit Wassertank, Handpumpe und seitlichem Klapptisch. Der Kleiderschrank mit Spiegel diente auch als Wäscheschrank; es gab Staukästen vorn und hinten mit Polster, Klapptisch und Heckbett. Der Ausbau inklusive Hubdach kostete 1850 Mark. Kurz vor Ablösung 1967 rückte dann ein Elektrolux-Kühlschrank für 12 V oder 220 V (410 Mark) auf die Aufpreisliste: Im Prinzip waren damit alle Ausstattungskomponenten beisammen, die auch heute für das Leben an Bord unverzichtbar sind.

Mit dem Zweiten wohnt man besser

So richtig in Fahrt kam das Geschäft mit den Wohnmobilen aber erst mit der zweiten Transporter-Generation des Modelljahres 1968. Besonders der US-Export brummte, am 8. März feierte Westfalia die Fertigstellung des 30.000. Wohnmobils, 20.000 davon waren in den Export gegangen. In rasantem Tempo ging es weiter. 1969 rollten täglich achtzig Campingwagen (und fünf »Fridolin« Typ 147) vom Band, 1970 fiel eine weitere Rekordmarke: In Wiedenbrück verließ das 100 000. Wohnmobil die Werkshallen, Westfalia baute pro Tag 125 Wohnmobile. Rund 19.000 der insgesamt 22.417 gebauten

Für 1976 entfiel die Trennwand zum Cockpit hin, zuvor hatte der ungehinderte Durchstieg Aufpreis gekostet.

Die »Berlin«-Ausstattung wurde zum Modelljar 1976 eingeführt, das Innenraumkonzept hat bis heute im California Gültigkeit.

Das Aufstelldach war bei den ab Ausbauten »Helsinki« (SO 73/7) und »Berlin« (SO 76/1) serienmäßig.

Westfalia baute eine Vielzahl von Varianten: Nacheinander liefen die Modelle »Oslo«, »Zürich«, »Stockholm«, »Brüssel«, »Paris«, »Rom«, »Amsterdam« und »Düsseldorf« vom Band, die Reihe der Städtenamen reichte sogar bis zu »Offenbach«. Die amerikanischen Ausbauten trugen Bezeichnungen wie »Los Angeles«, »Houston« oder »Miami«, die britischen Modelle »Continental« oder »Oxford«.

Der Volkswagen Transporter bildete von Anfang an eine beliebte Basis für Reisemobile. Ab der zweiten Generation wuchs die Vielfalt an lieferbaren Aufstelldächern.

Mit den Joker- und Club-Joker-Modellen lag Westfalia bei den T3-Bussen an der Spitze – in Ausstattung und Verarbeitung allerdings ebenso wie im Preis. (Foto: © Westfalia)

Im Herbst 1988 präsentierte VW mit dem »California« ein eigenes Wohnmobil. Es basierte zwar auf dem erfolgreichen Joker (und wurde auch bei Westfalia gebaut), kostete aber rund 10.000 Mark weniger.

Die Joker-1-Ausstattung kostete über 11.500 Mark – und dazu kam noch der Preis des Basisfahrzeugs. (Foto: © Westfalia)

Einheiten waren für die USA bestimmt. Dass die Bäume nicht in den Himmel wuchsen, dafür sorgte der Ölpreisschock von 1973. Der wichtige US-Markt brach zusammen, der Rückgang lag in einer Größenordnung von 35 Prozent. Bis zur Mitte des Jahrzehnts hatte sich die Situation wieder etwas beruhigt.

Die ersten Westfalia-VW der Generation T2 führten den Ausstattungsumfang der T1-Generation fort, den Anfang machte der Campingwagen SO 60. Dessen Komponenten konnten, wie schon beim T1, einzeln geordert werden, dieses Mosaik-Angebot lief bei Volkswagen unter der Nummer (SO 61). Volkswagen bot zweitweise, neben seinem Bausatz-Programm, dann sechs Camper-Varianten an, die nun zusätzlich Städtenamen trugen. Sie hießen »Oslo« (SO 69/1), »Zürich« (SO 69/2), »Stockholm« (SO 69/3), »Brüssel« (SO 69/4), »Paris« (SO 69/5), »Rom« (SO 69/6) und »Amsterdam« (SO 69/7); die SO-Bezeichnungen rückten in den Hintergrund. Darüber hinaus gab es die Grundvarianten mit und ohne Aufstelldach (Campingwagen A/B 67) sowie Vorzelt (H 67). Sie figurierten dann später nur noch unter den Bezeichnungen Westfalia P21, P22 und P28. Das Programm an Fertigfahrzeugen wurde in den frühen Siebzigern auf die Varianten »Luxemburg« (SO 72/1), »Helsinki« (SO 72/3) und »Madrid« (SO 72/5) eingedampft. Für die USA waren zum selben Zeitpunkt »Los Angeles«, »Houston« und »Miami« erhältlich. Mit dem Berlin-Grundriss erfanden dann Volkswagen beziehungsweise Westfalia 1976 das Wohnmobil der Zukunft, das neue Layout machte Schule: Küchenblock und Schränke befanden sich auf der linken Seite hinter dem Fahrerseite und damit gegenüber der Schiebetür. Der Beifahrersitz war drehbar, es gab Kunststoff-Furnier in Holzoptik und Polsterstoffe im Schottenkaro. Die Wohnmobile boten drei bis fünf Betten, je nach Ausführung, hatten Gaskocher, Nirosta-Spüle, 28-l-Frischwasser-Tank und eine 50-l-Isolierbox (die auf Wunsch gegen einen Kühlschrank getauscht werden konnte. Es gab sie wahlweise mit Aufstell- oder Hubdach und einem Stauraum am Wagenbug für den Einbau einer Gasanlage. Wer der guten alten Campingbox nachtrauerte, konnte ja noch immer zum Camping-Ausbau-Satz Mosaik greifen, auch wenn dieser nicht mehr so hieß. Bei der Bestellung des Basis-Fahrzeugs musste dann lediglich die entsprechenden Campingwagen-Grundausführungen mit Möbelhalterungen und Dachverstärkungen bestellt werden. Inzwischen hatten die Ostwestfalen über 175.000 VW-Wohnmobile produziert.

Den Joker gezogen: Die T3-Wohnmobile

Mit den Ausbau-Varianten »Helsinki« und »Berlin« überbrückte Westfalia die Zeit bis zur Präsentation der dritten Transporter-Generation – und zu der des Joker: Das Wohnmobil »repräsentiert den Stand der Reisemobiltechnik, wie er noch heute gültig ist« befand das Fachblatt promobil in einer Westfalia-Chronik des Jahres 1994. Der Joker setzte ohne Zweifel Maßstäbe in Qualität, Verarbeitung und durchdachter Ausstattung. Bestandteile des Joker-Programms waren das aufklappbare Aufstelldach mit Gepäckwanne über dem Fahrerhaus, die drehbaren Vordersitze, die Küchenzeile mit Schränken gegenüber der Schiebetür sowie die zur Liege umfunktionierbare Klappsitzbank im Heck. Weitere Features bildeten die Isolierverglasung, der Frischwassertank, der Gaskocher mit -tank, der Kühlschrank und die benzinbetriebene Webasto-Standheizung. Westfalia bot die Varianten »Joker 1« bis »Joker 7« an sowie den »Club-Joker«, wobei dieses Modell als Edel-Variante konzipiert worden war. Los ging's in Sachen Joker-Preise bei 8400 Mark, beinahe so viel wie ein ladenneuer Mexiko-Käfer. Und dann kam da natürlich noch der Preis für den Transporter dazu, im günstigsten Falle waren das noch einmal knapp 18.000 Mark. Beim Händler wurden die Wohnmobile (ob nun von Westfalia oder anderen Herstellern) stets als »Zwei-Rechnungs-Fahrzeuge« geführt, das heißt: Der VW-Händler hatte für ein und dasselbe Fahrzeug zwei Rechnungen zu begleichen: die eine schickte VW und betraf das Basisfahrzeug, die zweite stellte der jeweilige Wohnmobilbauer aus. Buchungstechnisch vereinfacht wurde das Verfahren erst im Jahre 1988, nachdem Volkswagen unter eigenem Markenlabel den »California« ins Programm und Westfalia den Wind aus den Segeln nahm.

Jetzt in Eigenregie: VW bietet selbst Wohnmobile an

Im Oktober 1988 stellte Volkswagen auf dem Caravan-Salon in Essen mit der Studie »California« das erste eigene Wohnmobil vor. Wie beim Multivan war die Resonanz so groß, dass VW sich entschloss, ihn in Serie zu bauen. Natürlich verfügte er über einen Westfalia-Ausbau mit GFK-Aufstell- oder integriertem Hochdach. Die Innenausstattung entsprach im Grunde genommen dem US-Joker mit etwas reduzierter Ausstattung. Alle Karosseriefreiräume waren isoliert, es gab Seitenwand- und Dachverkleidungen sowie Gardinen. Der Frischwassertank fasste 55 Liter, der Abwassertank 20 Liter.
Den zweiflammigen Gaskocher versorgte eine 8-kg-Gasanlage, dem Gegenteil diente ein Kühlschrank mit 42 Litern Inhalt. Quer im Heck hatte der California die aus dem Joker-Programm bekannte Klappsitzbank mit Bettpolster auf dem Motorraum, es gab einen Schwenktisch und ein klappbares Doppelbett im Dach. Optisch ähnelte der California dem Multivan, hatte Doppelscheinwerfer und voluminöse Kunststoffstoßfänger mit Schürzen vorn, dazu kamen die typspezifischen Applikationen und Schriftzüge. Zu haben war der Camper mit fast allen Motor- und Getriebevarianten aus dem normalen T3-Sortiment. Die Preise begannen bei 45.263 Mark für den Turbo-Diesel mit Aufstelldach, das waren rund 10.000 Mark weniger im Vergleich

zum Joker, der weiterhin im Angebot stand. Dessen Ära endete zum Modelljahr 1990 mit dem »Atlantic«, der oberhalb des »California« angesiedelt war. Zusätzlich zu dessen Ausstattung hatte der Neue im Team eine komplette Seitenbeplankung, lackierte und elektrisch verstellbare Außenspiegel, eine hellgraue Auflage auf der Schalttafel, andere Sitzbezüge, eine Zweitbatterie samt Ladegerät, eine Standheizung mit Schaltuhr und weitere Features wie etwa Becherhalter im Cockpit. Es gab ihn mit Aufstell- wie auch Hochdach, die Preise begannen bei 52.109,40 Mark für den Klappdach-TD.

Die enge Zusammenarbeit mit Volkswagen begann zu bröckeln, letztlich blieb der Firma wohl keine Möglichkeit, als ihre Abhängigkeit von VW zu verringern. Daher begann 1996 die Zusammenarbeit mit Mercedes-Benz, der Stuttgarter Konzern erwarb auch eine Minderheitsbeteiligung am Betriebsteil Westfalia Van Conversion. 2001 feierten die Ostwestfalen den Bau des 500.000sten Freizeitfahrzeugs, die Schwaben übernahmen nun den Betrieb ganz. Doch auch wenn sich die Stuttgarter nicht in die Firmenpolitik einmischten, war der neue Eigner, der nun mit seinen Marco-Polo-Modellen Volkswagen immer stärker Konkurrenz machte, den Wolfsburgern ein Dorn im Auge. Jedenfalls entschied sich Volkswagen, den California nun in Hannover bauen zu lassen, und nicht mehr bei Westfalia. Wohnmobile stellten sie aber weiterhin her, etwa den »Sven Hedin« auf VW Crafter-Basis. Doch mittlerweile gab es eine Finanzkrise, die Kunden hielten ihr Geld beisammen, die Umsätze brachen ein und die Automobilhersteller gerieten in Panik. Nachdem Westfalia 2009 dramatische Umsatzeinbrüche erleben musste, geriet der führende Ausbauer in Schieflage und musste 2010 Insolvenz anmelden. Die Rettung erfolgte durch die französische Rapido-Gruppe. Auch wenn mit Modellen wie »Club Joker« und »Club Joker City« noch die traditionsreiche Zusammenarbeit weiter gepflegt wurde, so heißen die wirklich wichtigen Partner nun Mercedes-Benz, Ford und Opel.

Hotel California

Ein Jahr nach dem Übergang vom T3 und dem Schwenk vom Heck- zum Frontmotor lief bei Westfalia die T4-Wohnmobilproduktion für Volkswagen an. Im Grundsatz hatte sich die Ausstattung nicht verändert, sie war aber den neuen Gegebenheiten angepasst worden. Der niedrige Ladeboden eröffnete neue Möglichkeiten der Grundrissgestaltung, so rückte der Kompressor-Kühlschrank weiter nach hinten, und eine Heckdusche stand jetzt zumindest auf der Aufpreisliste. Serienmäßig bekam der California das klassische Aufstelldach, das Hochdach mit Alkoven kam später. Laut Preisliste kostete der zunächst nur mit kurzem Radstand lieferbare California zwischen 50.085,90 und 56.863,20 Mark. 1992 wurde aus dem California der California »Coach«, zu erkennen war der – als Version mit Aufstelldach – unter anderem am jetzt verblechten Fensterausschnitt zwischen C- und D-Säule auf der Fahrerseite, da dort von innen der Schrank angeordnet war. Außerdem gab es nun zwei California mit langem Radstand und Hochdach, die Modelle »Club« (mit Spüle und Kocher im Heck sowie zusätzlichen Schränken auf der Beifahrerseite) und »Tour« (ein langer Coach).

Dem California folgte der luxuriösere »Atlantic«. Auch ihn gab es wahlweise mit Hoch- oder Aufstelldach. Beide Modelle wurden direkt über die VW-Händler vertrieben und hatten Werksgarantie.

1994 debütierte eine neue Hochdachversion mit kurzem Radstand, präsentiert zum 150-jährigen Jubiläum von Westfalia: Der auf 500 Exemplare limitierte California »Highway« nutzt ebenfalls den langen Radstand und wies ein für Westfalia eher untypisches Aerodynamik-Hochdach mit Stauschränken im Dachbereich auf. Damit war dieser California (dessen Ausstattung in weiten Teilen dem Coach entsprach) ein klarer Fall für Zwei, mit Aufstelldach konnten vier Personen übernachten. Dieses »Compactdach« wurde dann auch für das Dauer-Sondermodell »Coach« angeboten. Parallel zum Jubiläumsauto war auch der California »Exclusive« erschienen. Hier zeigte sich der Wohnbereich dreigeteilt: Sitzgruppe vorn, Winkelküche in der Mitte und separater Sanitärraum mit Waschbecken, Toilette und Kleiderschrank im GFK-verlängerten Heck.

Bei der Modellpflege 1996 wurde auch die California-Palette stark überarbeitet: Neue Dekore, verbesserter Möbelbau, ein längeres Dachbett, ein größerer Gepäckraum durch Positionswechsel des Frischwassertanks unter den Kleiderschrank, eine rundum komplette Ausstattung mit Zentralverriegelung und elektrischer Betätigung von Fensterhebern und Außenspiegeln sowie Isofix-Halterungen auf der Rücksitzbank für Kindersitze gehörten zu den wichtigsten Verfeinerungen. Ab Juni 1996 vermarktet wurden die California-Grundmodelle »Coach« (kurz, Aufstelldach mit Dachbett), »Compact« (festes Hochdach, ohne Bett) und Alkoven (mit Dachbett) sowie das Spitzenmodell California »Exclusive«. Ähnlich wie beim Multivan ergoss sich in den Folgejahren dann auch eine Flut an Sondermodellen mit unterschiedlichen Ausstattungslevels in den Handel. Sie wechselten jährlich und hießen unter anderem »Biker« (1996), »Beach« (9/96), »Joker« (9/97), »Blue« (9/98), »Advantage« (2000), »Generation«, »Event« (2001) oder, als Abschluss, der »Freestyle« (2002). Insgesamt verließen bis zum Modellwechsel im Jahr 2003 rund 39.000 California T4 die Produktionsanlagen von Westfalia in Rheda-Wiedenbrück.

Jetzt aus Limmer

Auch bei der neu entwickelten fünften Transporter-Generation T5 erfolgte der Produktionsanlauf des California erst nach dem

1994 debütierte der »Highway« mit aerodynamischem Compactdach, ab 1996 hieß er »Coach«.

Der »Freestyle« von 2002 brachte unter anderem Metalliclack, Klima, Fahrradträger und Geschirrset mit.

Das California-Wohnmobil, weiterhin bei Westfalia gebaut, profitierte ganz besonders vom neuen T4-Design. Erstmals bestand die Möglichkeit, den Platz im Heck unterhalb der Sitzgruppe beziehungsweise Liegefläche im Heck als Stauraum zu nutzen.

von Multivan und Transporter, die im Mai 2003 zu den Händlern rollten. Die Weltpremiere des neuen California feierte Volkswagen im Spätsommer auf dem Caravan-Salon, lieferbar zur Reisesaison 2004. Angeboten wurde er zunächst als »Trendline« und »Comfortline« mit elektrohydraulisch betätigtem Aufstelldach – Aluminium, nicht GFK –, mit Hochdach dann ab 2005. Während der Trendline mit der Transporter-Armaturentafel auskommen musste, verfügte der Comfortline über die Kommandozentrale des Multivan, war also wesentlich Pkw-ähnlicher. Produziert wurde der neue California nun erstmals von Volkswagen Nutzfahrzeuge in Hannover, nicht mehr bei Westfalia. Dabei werden die im Hauptwerk (Stadtteil Stöcken) hergestellten Basisfahrzeuge in eine eigens neu errichtete Fertigungsanlage (Stadtteil Limmer) gebracht. Dort erfolgt der komplette Ausbau zum Reisemobil.

Natürlich war beim Modellwechsel auch das California-Layout überdacht worden. Und trotz aller Ähnlichkeiten bei Küchenzeile und Schlafgelegenheiten hatten sich an Inneneinrichtung und Sitzanlage erheblich Änderungen ergeben und waren pfiffige Detaillösungen gefunden worden. Beispiel Heckklappe: Dort integrierte Volkswagen Nutzfahrzeuge zwei Campingstühle. Folge: Ankommen, Heckklappe öffnen, Reißverschluss öffnen, Stühle raus. Fertig. Der passende Tisch dazu befand sich in der Schiebetür. Es waren diese Gimmicks, die den T5 California zum perfekten Reisebegleiter machten.

Auch die Politik der erfolgreichen Sondermodelle hat man weitergeführt: Der zweifarbige California »Sonora« erschien 2006, 2007 kam der auf 222 limitierte »No Limit« in »Campanella-Weiß« mit 18-Zoll-Alus. Er kostete mit über 69.000 Euro mehr als das Doppelte vom neuen Einstiegsmodell »Beach« – wahlweise mit oder ohne manuell betätigtes Aufstelldach, aber immer ohne Küchenzeile (Preis in Deutschland unter 31.000 Euro). 2008 feierte Volkswagen Nutzfahrzeuge den 80.000sten California seit 1988 überhaupt, das Sondermodell des Jahres war der »Biker« mit serienmäßigem Fahrradträger am Heck. Kurz vor dem großen Facelift im Herbst 2009 kam der auf 50 Exemplare limitierte California »Black Edition« – außen schwarz gehalten sowie mit einem großen Chrompaket, 18-Zoll-Rädern und Bi-Xenonscheinwerfern.

Dann herrschte in Sachen Sondermodelle eher Flaute, der 2010 gezeigte »Europe« verkaufte sich, ohne groß beworben zu werden. Erst beim Caravansalon 2012 machten die California-Modelle wieder Schlagzeilen. Das Programm bestand aus den Varianten »Beach« (jetzt serienmäßig mit manuell betätigtem Aufstelldach und vollverkleidetem Innenraum) und »Comfortline«. Erstes Sondermodell nach der Modellpflege und Umstellung auf Common-Rail-Diesel war der »Edition«, gefolgt vom »Generation« 2013. Das Sondermodell zum 25. Geburtstag der Baureihe hatte entsprechende Schriftzüge und eine ganze Menge Besonderheiten wie der Privacy-

Im Juli 2023 feierte das VW-Werk in Hannover-Limmer den Bau des 200.000sten VW California mit einem reflexsilerfarbenem und fontanarotem T6.1 2.0 TDI.

Den California (T5) gab es mit Aluminium-Aufstelldach oder mit GFK-Hochdach von Polyroof.

Weitgehend unbekannt blieb das in kleiner Auflage gefertigte Sondermodell »Cape2Cape« von 2009.

Der California »Beach« erschien 2006. Unabhängig vom Innenraumkonzept befanden sich zwei der vier Schlafplätze im Fond.

Der »No Limit« war auf 222 Exemplare limitiert. Es gab ihn nur in »Campanella-Weiß«.

Mit dem »Black Edition« erweiterte VWN die California-Range um ein auf 50 Fahrzeuge limitiertes Sondermodell.

Verglasung und 17 Zoll Leichtmetallräder, um nur die wichtigsten optischen Attribute zu nennen.

Vollzählig am Startr

Im Sommer 2015 präsentierte Volkswagen Nutzfahrzeuge die sechste Generation des Transporters und damit auch einen neuen California. Angeboten wurde das Reisemobil bereits zum Marktstart im Juni in den drei Ausstattungsversionen »Beach«, »Coast« und »Ocean«, gegen gesalzenen Aufpreis auch mit Zweifarblackierungen ab Werk. Und statt aus Baumwolle bestand der Faltenbalg beim Aufstelldach nun aus einem synthetischen Stoff, der wasserdichter und widerstandsfähiger zu sein versprach. Den Stoff gab es in drei verschiedenen Farben.

Die wichtigsten Sondermodelle hießen: »Ocean Red (Blue, Grey)« (2016, LED-Scheinwerfer, Privacy-Verglasung, Chrompaket, 17-Zoll-LM) und California »30 Years« (2019, auf 999 Exemplare limitiert). Zum Modelljahr 2020 gab es die Basisversion »Beach« künftig in den Versionen »Camper« und »Tour«. Der knapp 49.000 Euro teure Camper hatte eine Miniküche mit Kocher an Bord, die bei Nichtgebrauch abgedeckt in der Seitenwand verschwand; der »Tour« hatte immer zwei Schiebetüren und optional eine Dreier-Sitzbank im Fond – er war näher am Multivan als am California. Als krönenden Abschluss der sechsten Generation gab es 2023 von Volkswagen Nutzfahrzeuge Schweiz die Sondermodelle California »Beach Last Edition« und California »Ocean Last Edition«.

Wohnmobile von Aus- und Aufbauern

Das Erscheinen des T4 rief zahlreiche neue Anbieter auf den Plan, denn die Tatsache, dass der Transporter nun mit langem Radstand zu bekommen war, eröffnete wesentlich größere Möglichkeiten bei der Grundrissgestaltung. Die nachfolgenden Seiten geben einen Überblick ohne Anspruch auf Vollständigkeit. Dazu kommt: Nahezu jeder Wohnmobil-Vermieter und -händler hat eine angeschlossene Werkstatt, in der Kunden für ihre Fahrzeuge in Handwerkerqualität eigene Möbel tischlern oder diese mit vorkonfektionierten Teilen – etwa aus dem Reimo-Katalog – individuell ausbauen lassen können. Mit dem T4 bot Volkswagen Ausbauern erstmals auch die Möglichkeit an, nur ein Fahrgestell samt Kabine zu kaufen.

Der Westfalia Kepler Six auf Basis des VW T6 mit langem Radstand glänzt mit einem variablen Raumkonzept. Der Camper bietet Platz für bis zu sechs Personen, hat vier Schlafplätze, eine kleine Küche und eine Waschmöglichkeit. (Foto: © ampnet/Westfalia)

Die drei Ausstattungsvarianten des California T6: Coast, Beach und Ocean. Auf Basis des Beach mit Multivan-Klappsitzbank, manuellem Aufstelldach und zwei unterschiedlichen Grundrissen entwickelten nahezu alle Ausbauer ihre Campervan-Lösungen.

Die Rückkehr der Campingbox: Mit der Lösung von Ququq wird der ID.Buzz Cargo zum Wochenend-Camper.

Space Camper aus Darmstadt brachte 2023 eine modulare Camping-Einrichtung für den langen New Multivan. (Foto: © Space Camper)

VW WOHNMOBILE

AAC
Seit den frühen Achtzigern in Kaltenkirchen aktiv, stehen vor allem Wunschausbauten auf Basis T4 und neuer im Programm. Den Möbelbau übernehmen gelernte Tischler, entsprechend hoch ist auch die Qualität.

ALLYEAR
Die ALLYEAR Reisemobile Herstellung und Vertrieb GmbH in Inning am Holz erlosch im Frühjahr 2001. Bekannt wurde vor allem das Modell »Tango« auf Basis T4 lang mit vier Betten und Winkelküche quer im Heck.

ALPINCAMPER
Alpincamper ist eine Marke des Isar-Outdoorcenters und hat seinen Sitz im bayerischen Lenggries. Seit 2015 entwickelt Michael Zaiser mit seinem Team die individuellen Konzepte für den Innenausbau von Minicampern auf Basis herkömmlicher Fahrzeuge wie zum Beispiel den VW Caddy oder T6.1 sowie anderer. Entstanden ist die Idee des Alpincampers durch die persönliche Leidenschaft zum Camping, und der Idee einen Pkw als Minicamper sofort und überall nutzen zu können. Alpincamper hat als erster Hersteller 2023 einen Wohnmobilumbau für den VW ID.Buzz vorgestellt.

ARCOMOBIL
Gegründet von mehreren Handwerkern in Leinfelden auf den Fildern in der Nähe Stuttgarts. Die Zeitschrift »auto motor und sport« teste 1969 einen Camper und bescheinigte ihm ein äußerst stabiles, außerordentlich gut isoliertes Faltdach. In seiner Werbebroschüre hob der Hersteller dann auch auf seine handwerkliche Meisterarbeit ab, die bis ins letzte Detail mit Liebe und Erfahrung durchdacht sei: »Zeitlos elegant mit Linien moderner Innenarchitektur … aber ohne jeden Mumpitz und Firlefanz«, dichteten die schwäbischen Werbepoeten. Allerdings lagen auch die Preise der Arcomobile über denen der Westfalia-Umbauten. Später wurden die Fahrzeuge unter dem Label »Grabow« verkauft.

BAUER
Das bayerische Unternehmen aus Windach bot eine ganze Palette an Kastenwagen mit kurzem und langem Radstand an. Spitzenmodell der Mitt-Neunziger war der Florence Elegance mit Hochdach, einer Nasszelle quer im Heck und der Sitzbank quer hinter dem Fahrersitz.

BEHL MOBILE
Diese kleine Campervan-Manufaktur entstand 2006 im fränkischen Altfeld bei Marktheidenfeld. Realisiert werden Ausbauten nach individuellen Kundenwünschen.

BIMOBIL
Im Jahre 1979 zeigte die zwei Jahre zuvor vom Maschinenbau-Ingenieur Raimund von Liebe und seiner Frau Veronika gegründete Firma Bimobil erstmals das variable Wechselsystem eines Wohnaufbaus mit dem Namen Husky, damals noch auf Basis des Peugeot 504 Pick-up. Als ganz großer Wurf entpuppte sich die Absetzkabine aber

Alpincamper verwandelt den ID.Buzz Cargo in ein Wohnmobil. Trotz aller cleverer Lösungen: Der Camper ist ein Fall für zwei, die Abmessungen verhindern den Einsatz als Familiencamper. (© Alpincamper)

AAC bietet seine Bausätze mit einer Vielzahl von Möbeldekoren und Umleimerfarben an. Selbst für den T3, mit dem die Geschichte begann, sind noch Lösungen lieferbar. (Foto: © AAC)

Die Firma Allyear brachte es in den Neunzigern zu einiger Bekanntheit, stellte aber 2001 den Geschäftsbetrieb ein. (Foto: © Allyear)

Was in den Sechzigern Arcomobile hieß, wurde in den Siebzigern zu »Grawomobil«. Diese T2b, aufgenommen Anfang der Achtziger auf Korsika, ist ein schönes Beispiel für einen typischen Wohnmobilausbau jener Jahre: Um Platz im Innenraum zu bekommen, saß das Reserverad außen. Die Westfalia-Gepäckwanne, Hubdach, Außenmarkise, Dachgepäckträger und Heckbox vervollständigten die Ausrüstung. (Foto: © Kuch)

Bischofberger, Backnang, verwandelte als einer der wenigen Hersteller eine VW in ein Alkoven-Mobil. (Foto: © Bischofberger)

Die Heckverlängerung brachte Bischofberger an einem Tag an und vergrößerte so den Raum um 1,5 m³. (Foto: © Bischofberger)

Die bimobil – von Liebe GmbH, begann 1977 mit dem Auf- und Ausbau von Kastenwagen. Anfang der Achtziger entwickelte man ein Wechselsystem für Pickups, 1981 folgte der erste T3-Ausbau, Verkaufsbezeichnung »Windhund«. Heute fertig das Unternehmen mit inzwischen fast 100 Mitarbeitern über 120 Wohn- und Expeditionsmobile im Jahr. (Foto: © Volkswagen AG)

Behl bezeichnet sich selbst als »Konfektionär« und baut nach Kundenwunsch Camper und Expeditionsmobile. (Foto: © Behl)

Campmobile, Schwerin, bietet Camper mit Hochdach oder mechanischem Aufstelldach an. Die Grundrisse der Mecklenburger Ausbauer sind nicht alltäglich. (Foto: © Campmobile)

Unter der Bezeichnung »Pueblo« lieferte Binder Fertigfahrzeuge und Bausätze für Selbermacher. (Foto: © Binder)

erst für die Mercedes-Benz G-Klasse, die hartgesottene Weltenbummler begeisterte. Solche Kabinen waren damals mehr noch als heute absolute Nischenprodukte, aber Hintergrund der Namenswahl: Von Liebes Fahrzeuge sollten für den Alltag wie auch auf Reisen gleichermaßen genutzt werden können. Tatsächlich liegt der Anteil an Absetzkabinen heute bei rund einem Fünftel. 20 der jährlich 100 High-End-Wohnmobile, die die Hallen im Bayerischen verlassen, sind abnehmbar. Seit 2017 ist die Bimobil von Liebe GmbH unter neuer Leitung, aber noch immer in Familienbesitz, rund 90 Mitarbeiter arbeiten für das Unternehmen. Neben diesen Kabinen gibt und gab es auch nur für den Straßeneinsatz taugliche Komplettfahrzeuge, wobei die Zahl in der Typenbezeichnung Auskunft gibt über die Länge.

BINDER

Wohnmobilausbauer aus Bad Dürkheim, Modellbezeichnung »Pueblo«. Binder, der auch eigene GFK-Hochdächer anbot, versprach »absolute Passgenauigkeit« für seine Möbel aus mehrfach verleimtem Pappel-Sperrholz.

BISCHOFBERGER

Im Schwäbischen Backnang angesiedelt, baute das Unternehmen neben angelieferten Kastenwagen (»Viking«) auch komplette Alkovenmobile (»Kranich«) um und spezialisierte sich dann auf Wohnkabinen, die auf Pritschenwagen aufgesetzt werden konnten.

BRESLER

1989 im sächsischen Dennheritz gegründete Firma, die als »Caravan Service Bresler« heute noch besteht. Baute in den Neunzigern Kastenwagen zu Wohnmobilen um.

CAMPMOBILE

Die Brüder Wolfram und Andreas Höhne, begeisterte Segler, begannen 1995, Volkswagen Transporter umzubauen. Spezialität der Schweriner sind winklige Heckküchen auf einem Zwischenboden, die so platzsparend eingebaut sind, dass ein großzügiges Raumgefühl entsteht. Gleichzeitig ist die übrige Einrichtung so geschickt und teilweise versteckt untergebracht, dass man »ohne Gebrauchsanleitung kaum weiß, wie man Tisch, Schrank und Bett nutzen kann«, so der Test von Ampnet.

CARTHAGO

Carthago war erst 1979 in Ravensburg am Bodensee gegründet worden und hatte sich zunächst auf die Produktion von Bausätzen für den Selbstausbau von Kastenwagen spezialisiert. 1986 wandte man sich verstärkt dem VW Transporter zu und bot zunehmend auch Fertigfahrzeuge an, die unter dem »Malibu«-Label vermarktet wurden. Die Palette umfasste fünf verschiedene Grundmodelle mit Hub- oder Hochdach. Ende der 80er Jahre verließen bis zu 900 Fertigfahrzeuge im Jahr die Werkshallen im Gewerbegebiet von Ravensburg am Bodensee. Mit dem Wechsel zu dem in zwei Radständen lieferbaren T4 wurde das Angebot noch einmal stark ausgeweitet. Das Unternehmen, heute in Aulendorf beheimatet, gehört zu den ersten Adressen in Sachen Oberklasse-Wohnmobile.

Cathargo bot viele verschiedene Umbaulösungen an. Rechts Malibu Hit IV mit Hubdach – ähnlich wie es auch CS Capella verbaute –, in der Mitte der Malibu Hit I mit Aufstelldach und Gepächwanne sowie der Hit II ohne Wanne. Nicht im Bild ist der Hit III mit Hochdach. (Foto: © Cathargo)

Mit dem T3 kamen auch die Yachtbauer der Firma Dehler in Meschede auf den Wohnmobil-Geschmack. Ihr »Profi« (den es auch als »Junior« mit Aufstelldach gab) verstand sich aus Kombination aus elegantem Reisemobil und rollendem Büro. (Foto: © Dehler)

Dieser CS T5 Apollo von 2006 punktete mit seiner großen, quer zum Fahrzeug installierten Nasszelle. (Foto: © CS)

Typisch für die T4 Kastenwagen-Ausbauten von Dehler war die Heckverlängerung. (Foto: © Kuch)

Dipa-Reisemobile haben eine Multifunktionssitzbank, die sich zu einem breiten Doppelbett umklappen lässt. (Foto: © Dipa)

Weil Rainer Dopfer keinen passenden Camper fand, entwickelte er selbst einen. 1992 begann so die Erfolgsgeschichte. (Foto: © Dopfer)

COMPACT MOBILE

Handwerklich gut gemachte Wohnmobil-Ausbauten auf Kastenwagen-Basis aus dem schwäbischen Eschach. Die Firma stellte in den frühen 2000ern den Betrieb ein.

CS REISEMOBILE

Weil ein junges Studentenpärchen Ende der 70er kein bezahlbares Wohnmobil auftreiben konnte, begannen sie damit, einen alten Kastenwagen selbst auszubauen. Daraus entstand 1985 die Firma CS-Reisemobile in Hamburg. Lange Jahre bildeten kurze wie auch lange VW-Kastenwagen unter Bezeichnungen wie »Mykonos« oder »Apollo« mit SCA-Hochdach das Kerngeschäft. Heute hat sich die Firma auf den Aus- und Aufbau von Mercedes-Sprintern konzentriert.

DEHLER

Die 1963 von den Gebrüdern Dehler gegründete Dehler-Werft stieg mit Erscheinen der dritten Transporter-Generation zusätzlich in den Wohnmobil-Bau ein. Der Typ »Profi« bot die vielleicht eleganteste Möglichkeit, einen VW-Transporter zu bewegen. Eine variable Inneneinrichtung sollte den Profi als rollendes Büro wie auch als Wohnmobil tauglich machen. Zu den Besonderheiten des rund 25.000 Mark teuren Ausbaus gehörten ein Fernseher, eine Dusche und zahlreiche weitere Besonderheiten. Der Wechsel zum T4 eröffnete den Dehler-Spezialisten noch mehr Gestaltungsspielraum, doch die stets außerordentlich eleganten Entwicklungen wie der »Optima« oder auch der »Maxivan« waren nie günstig. Nachdem die Werft 1995 in ernste Schwierigkeiten geriet, mussten sowohl der Yacht- als auch der Mobilbau 1998 eingestellt und Konkurs angemeldet werden.

DIPA

Merlin, Milan, Sperber – so lauteten nur einige Modellbezeichnungen der ausgebauten Kastenwagen von Dipa Reisemobilbau in Nürtingen. Gegründet 1989 von Bernd Dieterich und Jürgen Pasler, konzentrierte sich die Firma im Schwäbischen bewusste auf den VW Transporter. Heute bietet das Unternehmen zwar auch Reisemobile auf Sprinter-Basis an, der Schwerpunkt liegt aber weiterhin auf den VW, wobei der Kombi und der Caravelle als Basisfahrzeug dienen. Dipa-Fahrzeuge sind auch bei Robel zu finden.

DOPFER

Der Reisemobilbau Dopfer begann Ende der Achtziger mit Rainer Dopfers Umbau seines alten T3 zum Wohnmobil. Daraus wurde ein florierender Betrieb, der im bayerischen Neuburg Fernreise- und Expeditionsmobile auf Kundenwunsch baut.

EMU REISEMOBILE

Das Unternehmen aus Nürnberg-Katzwang bot Komponenten für den Selbstausbau sowie Hub- und Aufstelldächer an, die seitlich über gesamte Länge reichten. Der Faltenbalg bestand aus Zeltstoff.

ERIBA

Der Zubehör-Riese hatte Anfang der 80er ebenfalls Möbelbausätze für VW T2 Busse im Sortiment.

Joch bot auch für den T2 Individuallösungen an. (Foto: © Joch)

Helgo versprach »Reisecomfort in Intercity-Qualität« für vier – und eine Stehhöhe von 2,05 m. (Foto: © Helgo)

Die Vanufaktur in Hagen als Hersteller des Flowcamper geht zurück auf die Firma Terracamper in Kassel-Calden. (Foto: © Vanufaktur)

Der Flowcamper Caspar mit großer, fest installierter Küchenzeile aus nordischer Fichte und Einzelsitzen bietet bis zu fünf Personen Platz. Darüber hinaus gibt es mit dem Flowcamper »Fellschnute« auch eine originelle Lösung für Hundebesitzer. (Foto: © Volkswagen AG)

Der Octo-Bus entsteht auf Basis des VW T 6.1 Kastenwagens. Fischer nutzt Dächer von Reimo, SCA und Polyroof. (Foto: © Fischer)

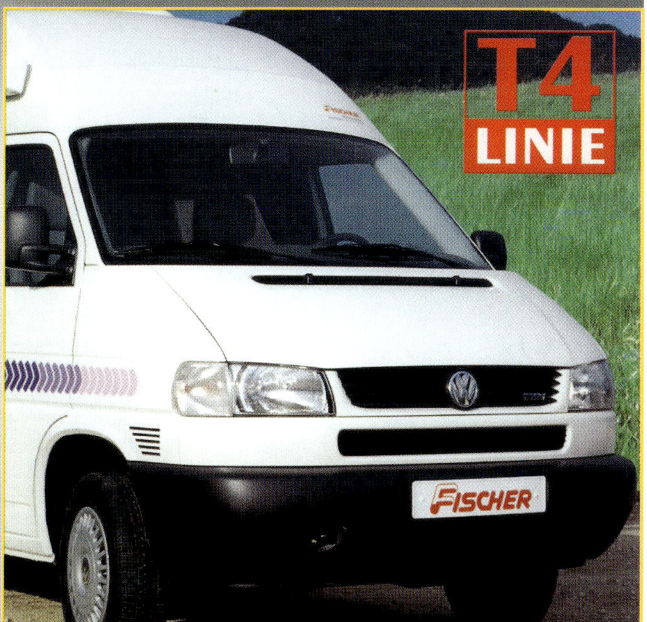

Der Übergang vom T3 zum T4 zwang alle Ausbauer, sich neue Grundrisskonzepte zu überlegen – auch Fischer. (Foto: © Fischer)

FERBER

Das Unternehmen, zuletzt in Schwarzenbek bei Hamburg beheimatet, begann mit dem Ausbau von Kastenwagen, lieferte aber auch – Typbezeichnung »Deseo« – Alkovenmobile wie auch Teilintegrierte nach Kundenwunsch. Diese handwerkliche Sorgfalt hatte ihren Preis, im Gefolge der Finanzkrise kam das Aus, das Firmengelände stand im Mai 2010 zum Verkauf.

FISCHER

Die Firma TW & Fischer Wohnmobile GmbH in Reutlingen, inzwischen in Neuhausen auf den Fildern beheimatet, realisierte ab 1978 die ersten Umbauten auf T2-Basis und ist bis heute dem Auf- und Ausbau des Bulli treu geblieben. In den vergangenen vier Jahrzehnten wurden über 1800 Fahrzeuge ausgeliefert. Nachdem 2010 der ehemalige Fischer-Mitarbeiter Werz bei den Reutlingern einstieg, ging aus der Firma 2013 die Firma Werz Wohnmobile hervor.

FLOWCAMPER

Die FLOWCAMPER by Vanufaktur GmbH & Co. KG, Hagen, auf Basis T6.1 heißen »Frieda« und »Caspar«. Highlight ist das optionale Klappdach mit zwei zusätzlichen Schlafplätzen und »Sonnenterasse«. Siehe auch Terracamper.

GKL

GKL, Castrop-Rauxel, ist heute noch als Wohnmobilhändler tätig, bot aber auf T4-Basis eine ganze Palette ausgebauter Kastenwagen mit und ohne Nasszelle an.

HAAS

Die Firma Haas-Reisemobilteile, Köln, bot auch Fertigfahrzeuge an. Der Konfektionär vermarktete seine Lösung unter der Bezeichnung »Haas Royal«. Die Preisliste, etwa im Falle des T3, begann bei 9585 Mark, plus Basisfahrzeug.

HELGO

Nach eigenem Bekunden damals »der kleinste Partner von VW«, stellte die Firma Helgo Campmobil in Bovenden mit dem Mescalero ein Hochdach-Reisemobil auf Basis T3 vor.

HILD

Der Bausatzanbieter war im schwäbischen Bönnigheim in der Nähe von Stuttgart beheimatet.

HYMER

Die Hymer-Gruppe mit Sitz im Allgäu wurde von Erwin Hymer gegründet, dem »Erfinder des Wohnmobils«. 1957 entwickelte er den ersten kommerziell erfolgreichen Wohnwagen, den »Weltenbummler«, 1961 entstand der »Caravano« mit Hubdach, das erste Reisemobil auf Borgward-Basis. Der erste Vollintegrierte war das »Hymermobil« auf Mercedes-Chassis, es kam 1972. Hymer agierte ungemein erfolgreich und vermeldete 2004 den Bau des 100.000sten Wohnmobils. Bei all diesen Aktivitäten spielte der Bulli von Volkswagen indes nur eine Nebenrolle.

VW WOHNMOBILE

INTERCAMP

Unter diesem Namen wurden Einrichtungs-Programme für Busse und Transporter verkauft, Standorte waren München und Frankfurt.

JOCH

Der Kraftfahrzeug-Teilehändler aus Hannover bot ebenfalls ein eigenes Ausbauprogramm an. Wenn ein Hubdach mitbestellt wurde – Dachausschnitt 100 x 90 cm – war zumindest in der Wagenmitte Stehhöhe realisierbar.

KARMANN

Die Wilhelm Karmann GmbH in Osnabrück baute nicht nur im Werksauftrag das Käfer Cabrio und den Karmann Ghia, sondern auch, unter eigenem Namen das »Karmann Mobil«, das einen Wohnwagen mit einer VW Pritsche zu kombinieren schien.

KMM

Typischer Konfektionär im bayerischen Reisern, Ausbauprogramm »Apache«. Die Abkürzung stand für »Kick Mobil Mehrnutz«.

KNAUS

Die heutige Knaus-Tabbert-Gruppe geht auf die 1912 in Weinsberg gegründete Karosseriewerk Weinsberg, das 1934 in Schweinfurt etablierte Karosseriewerk Tabbert und auf die 1960 von Helmut Knaus im fränkischen Marktbreit bei Würzburg geründete Firma zurück. Tabbert baute 1953 den ersten Wohnwagen, Knaus seinen ersten 1961. Weinsberg präsentierte 1969 ein erstes Wohnmobil, einen Kastenwagen, sehr kompakt auf Basis des Fiat 238. Diverse wegweisende Wohnmobilentwicklungen später ging Weinsberg 1992 an Tabbert, 2001 fusionierte Tabbert mit Knaus. Die Kooperation mit Volkswagen begann aber erst ab 2017.

KÖHLER / NÄGELE

Seit September 2022 als Nägele Campervans firmierend, geht die Firma Köhler Reisemobile im baden-württembergischen Illingen bei Stuttgart auf Peter Köhler zurück, der 1986 ein T3-Hochdach suchte, in dem seine kleine Tochter schlafen konnte. Das gab es aber nicht, daher entwickelte er es selbst. In den ersten beiden Jahrzehnten konzentrierte er sich ganz auf die Entwicklung, Produktion und Montage von Bulli-Hochdächern, bevor er 2006 einen T5 als Komplettfahrzeug vorstellte. Nach 2013 begann eine stürmische Entwicklung von über einem Dutzend maßgeschneiderten, aber erschwinglichen Möbelprogrammen für VW und Mercedes Vito. Die Campervans auf Basis T5 und T6 werden unter dem Label »Sunvan« angeboten. Die Dächer kommen von SCA, Polyroof und Reimo, das pfiffige Innenraumkonzept mit Lattenrost-Liegefläche ist eine Eigenentwicklung. Der Familienbetrieb baut pro Jahr über 100 Fahrzeuge teilweise oder auch komplett um.

Hinter der Marke »La Strada« stand die Firma Baumgärtner-Reisemobile GmbH in Schöneck-Rüdesheim. (Foto: © Baumgärtner)

LA STRADA

Der erste Camper der Firma im hessischen Echzell entstand 1986 auf Basis des Volkswagen T3 Transporter. Die Erfolgsmodelle hießen HD 60 und HD 85. Sie waren mit einem Sirius Hochdach aus glasfaserverstärktem Kunststoff, GFK, erhältlich. Von 1986 bis 1990 baute La Strada 73 Stück, 1989 kamen auch, unter der Bezeichnung »La Strada Dolomiti«, einige VW T3 Syncro hinzu. Das Unternehmen produziert mit rund 50 Mitarbeitern heute über 300 Fahrzeuge pro Jahr, in der Regel auf Fiat-Ducato und Mercedes-Sprinter-Basis. Man versteht sich selbst als Premium-Hersteller.

LUNA

Die Luna Freizeitmobile in Haan baute auf Basis des kurzen T4 den »Starlight« mit Mittelsitzgruppe und optionalem Hochdach.

Weil Surfer Peter Köhler kein Hochdach fand, mit dem er Familie und Board mitnehmen konnte, entwickelte er das »Surfline«-Hochdach. Damit begann der Weg in die Selbständigkeit. (Foto: © Köhler)

Basis für den Köhler Sunvan ist der Transporter Kombi, der ab Werk die Fenster und Gurtpunkte mitbringt. Der Möbelbau gehört zu den Glanzstücken des Campers. (Foto: © Köhler)

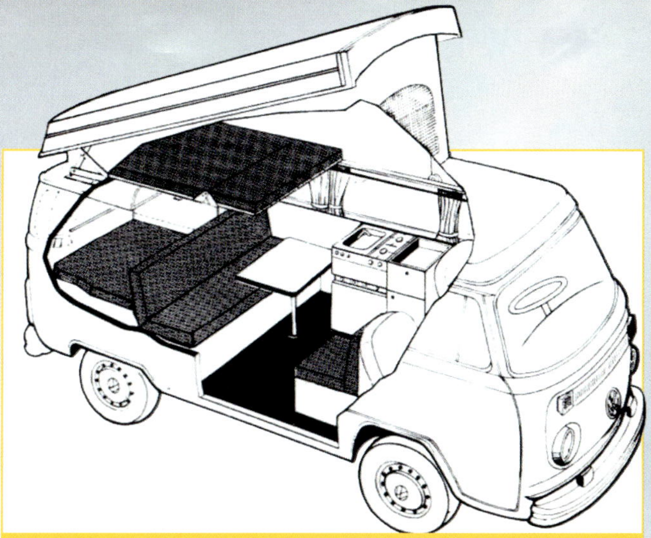

Intercamp in Frankfurt gehörte zu jenen Händlern, die aus zugekauften Teilen eigene Lösungen entwickelten. (Illustration: © Intercamp)

Knaus spricht vom »CUV«, dem »Caravan Utility Vehicle« und meint einen teilintegrierten Camper auf T6.1-Basis. (Foto: © Knaus)

Der Hymer Cape Town von 2015 bot eine clevere Grundrisslösung, die ein gegenüber dem California großzügigeres Raumgefühl bot. Und weil als Basis der reguläre Transporter gewählt wurde, war der Hymer auch etwas günstiger als das Original. (Foto: © Hymer)

Karmann, bekannt als Cabrio-Hersteller, stieg mit dem T2 auch in den Bau von Wohnmobilen ein. (Foto: © Karmann)

Beim Luna Starlight mit Hochdach gehörten zwei 15-l-Kanister mit Frischwasser, ein 30-l-Abwassertank sowie zwei 5-kg-Gasflaschen zur Grundausstattung. (Foto: © Luna)

Mit dem Colorado revolutionierte Karmann 1996 die Aufbautechnik. Zuerst erschien der Colorado H (Hecksitzgruppe), gefolgt Ende 1997 vom Colorado S mit Mittelsitzgruppe. Die Gesamtlänge lag bei 5,80 m. (Foto: © Volkswagen AG)

LYDING

Die Reisemobile Lyding GmbH, gegründet 1984, ist in erster Linie als Großhändler im Bereich Camping und Caravaning (Fahrzeuge, Teile und Zubehör) tätig und bot auch hochwertige Komplettfahrzeuge (etwa »Floh«, »Fuchs«, »Wiesel«) mit kältebrückenfreiem Sandwich-Außenwandsystem und Integralschaumkern an. Darüber hinaus entstanden unter der Bezeichnung »Rog2« Aufsätze für T3-Doppelkabinen.

MANNSSHARDT

Der Campervan-Anbieter aus dem Südbadischen hatte verschiedene Dachformen im Angebot, gerne auch in Kombination mit Reimo-Mobiliar. Die Sitzgruppe befand sich im Heck, der Küchenblock war längs hinter dem Fahrersitz eingebaut. Auf Wunsch wurde ein fünfter Sitz montiert.

NIESMANN + BISCHOFF

Der renommierte Wohnmobilproduzent aus Mülheim-Kärlich bot unter der Bezeichnung »Clou up« hochwertige Aufsetzkabinen an. Richtig günstig waren sie nicht, wer seinen Pritschenwagen mitbrachte, sollte außerdem mindestens weitere 20.000 Mark in seinem Portemonnaie haben. Das Unternehmen gehört heute wie Dethleffs, Eriba, Laika und Bürstner zur Hymer-Gruppe.

OVER VAN

Einer der ersten Bausatz-Anbieter, der sich auf den Umbau angelieferter Kastenwagen spezialisiert hatte. Firmensitz war Konstanz am Bodensee.

POLYFIE

Polyester Fiedler (Witten) trat vor allem als Anbieter von Polyester-Hochdächern in Erscheinung, wurden auch bei den Postbussen verwendet.

POLYROOF

Bereits seit 1980 ist Polyroof in Dransfeld mit seinen Hochdächern am Markt und bietet für alle Volkswagen Transporter ab der Generation T3 den Aufbau, die nachträgliche Umrüstung oder auch bereits komplett umgebaute Fahrzeuge an. Der Vertrieb erfolgte über die Firma Günther Reisemobile, ebenfalls Dransfeld.

REIMO

Camping-Zubehör und Hubdächer – Reimo gehörte zu den ersten Anlaufstellen für diejenigen, die sich ihren Kastenwagen oder Bus selbst ausbauen und an Stehhöhe gewinnen möchten.

ROAD RANGER

Unter dieser Bezeichnung vermarktete die noch heute existierende Firma Dr. Höhn im baden-württembergischen Ingelfingen seine Aufsetzkabinen. Aufgebaut auf Pritsche oder Doppelkabine, gehörte ein Ausschnitt in der Ladefläche zum Durchstieg in die Wohnkabine zum Konzept. Der Aufbau wog, je nach Ausstattung, rund 1800 kg; die Zuladung betrug 600 kg.

Lyding in Witten bot, neben den klassischen Campern mit Wohn- oder Aufstelldach auch »die junge dynamische Linie« namens »Rog2« mit Absetzkabine an. (Foto: © Lyding)

VAG-Händler Mannßhardt bot Kastenwagen-Ausbauten mit Aufstell- oder Hochdach an. Der Grundpreis lag bei 42.280 Mark. (Foto: © Mannßhardt)

Polyroof lieferte seine Hochdächer zur »problemlosen Selbstmontage« oder baute sie an einem Tag auf. (Foto: © Polyroof)

VW WOHNMOBILE

ROBEL

Ein langer T4 war der erste Teilintegrierte von Robel in Versmold. Er hieß 590 T, hatte eine Nasszelle mit integrierter Dusche und dank eines geschickt konstruierten doppelten Bodens überraschend viel Stauraum. Die ungewöhnliche Raumaufteilung mit einer nachts zur Liegefläche umbaubaren Hecksitzgruppe unterschied den Robel von der Konkurrenz. Das Unternehmen selbst war eine Gründung des Tischlers und Sonderfahrzeugbauers Günter Robel, der im Januar 1995 einen ersten Prototyp auf einem VW T4 vorstellte. Innerhalb von nur drei Monaten hatte Robel bereits 25 Bestellungen vorliegen. Bis heute hat Robel über 770 Reisemobile ausgeliefert, dazu kommen noch einmal ein gut 500 Sonderfahrzeuge. Dipa-Fahrzeuge werden über Robel verkauft.

SAUBER

Der Wohnmobilhändler aus dem bayerischen Pommelsbrunn baute Mitte der Neunziger mit großer Sorgfalt einige VW T4-Kastenwagen aus und um.

SCA

Viele Wohnmobil-Ausstatter griffen auf die Hochdach-Angebote von SCA (C.F.Maier) zurück. Allein für den T4 gab es vier verschiedene Ausführungen. Das Unternehmen gehört heute zu den renommiertesten Zulieferern im Wohnmobilbereich.

SCHREMPF & LAHM

S&L, Rosenheim, bot 1984 ein Echtholz-Möbelprogramm für den Volkswagen Bulli an.

SPACE CAMPER

2006 gegründetes Unternehmen in Darmstadt, das High-End-Wohnmobile auf T5/T6-Basis fertigt. Die Manufaktur baut rund 150 Fahrzeuge im Jahr und fertigt – abgesehen vom Hochdach, das auch im California eingesetzt wird – nahezu alle Komponenten in Eigenregie. Herzstück des Einrichtungskonzepts ist eine neu entwickelte Rückbank, die nur einen Bruchteil des Originals im T6 wiegt und in Sekunden zu einem Bett um- oder wahlweise auch in einer Minute ganz ausgebaut ist. Das ermöglicht es den Space Camper auch zum Transport von großen Gegenständen wie Fahrrädern oder Kühlschränken zu benutzen.

SYRO

Die Campingbus-Einrichtungen Modell I / Modell II der Firma Rolf Koch, Darmstadt, unterschieden sich vor allem durch die Position der Liegefläche: Beim Modell I im Heck, beim Modell II mit seiner quer zur Fahrrichtung eingebauten Sitzbank mutierte der Fahrgastraum, mit entsprechend platzierten Rückenlehnen, zur Liegefläche. Dadurch blieb der Heckraum frei für Stauschränke und dergleichen. Die Modelle III / IV hatten dann ein Hubdach, der Moby Dick ein Kunststoff-Hochdach mit Dachhaube und Gepäckreling. Ein passendes, 195 x 120 cm messendes Dachbett war ebenfalls lieferbar. Syro verkauft den Freizeitbereich samt Namensrechten. Diese Firma ist nun einer der größten Reisemobilhändler in NRW.

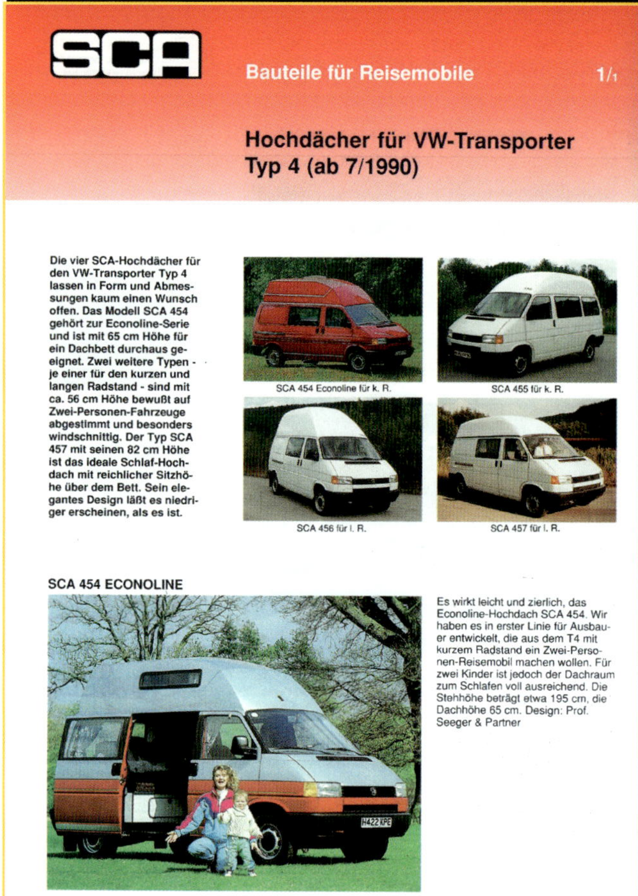
SCA

Bauteile für Reisemobile 1/1

Hochdächer für VW-Transporter Typ 4 (ab 7/1990)

Die vier SCA-Hochdächer für den VW-Transporter Typ 4 lassen in Form und Abmessungen kaum einen Wunsch offen. Das Modell SCA 454 gehört zur Econoline-Serie und ist mit 65 cm Höhe für ein Dachbett durchaus geeignet. Zwei weitere Typen - je einer für den kurzen und langen Radstand - sind mit ca. 56 cm Höhe bewußt auf Zwei-Personen-Fahrzeuge abgestimmt und besonders windschnittig. Der Typ SCA 457 mit seinen 82 cm Höhe ist das ideale Schlaf-Hochdach mit reichlicher Sitzhöhe über dem Bett. Sein elegantes Design läßt es niedriger erscheinen, als es ist.

SCA 454 Econoline für k. R.

SCA 455 für k. R.

SCA 456 für l. R.

SCA 457 für l. R.

SCA 454 ECONOLINE

Es wirkt leicht und zierlich, das Econoline-Hochdach SCA 454. Wir haben es in erster Linie für Ausbauer entwickelt, die aus dem T4 mit kurzem Radstand ein Zwei-Personen-Reisemobil machen wollen. Für zwei Kinder ist jedoch der Dachraum zum Schlafen voll ausreichend. Die Stehhöhe beträgt etwa 195 cm, die Dachhöhe 65 cm. Design: Prof. Seeger & Partner

Die C.F. Maier Poylmertechnik in Königsbronn lieferte an über gut zwei Dutzend Stützpunkthändler aus. (Foto: © C.F. Maier)

Das erste Robel-Wohnmobil war der 530 H auf T4-Basis, erstmals gezeigt 1995. Bis heute hält Robel VW die Treue. (Foto © Robel)

Der Reimo Carrara von 2018 punktete mit bis zu sieben Sitzplätzen und einer Schlafsitzbank für drei. Die schliefen aber nicht auf der Sitzfläche, sondern hatten die Bankrückseite als Schlaffläche. Das Dachbett war 200 x 120 cm groß. (Foto: © Reimo)

Als Space Camper 2006 den ersten T5-Ausbau vorstellte, sprach die Presse von einem »faszinierenden Buskonzept«. 2023 verblüffte Space Camper mit einem Campingbike mit Zeltdach, Liegefläche und Tisch. (Foto: © ampnet / Kirchberger)

Schrempf & Lahm hatte Naturholz-Möbel im Programm, das Modell nannte sich »Mandara«. (Foto: © Schrempf & Lahm)

Weil das Bus-Konzept ausgereizt war, nutzte Road Ranger-Gründer Höhn Doka und Pritsche als Basis. (Foto: © Road Ranger)

Der Space Camper Limited war 2019 das erste in Serie gebaute Wohnmobil des Herstellers. Die Mischung aus eigenen und VW-Standardteilen wie dem California-Dach sorgten für eine geringeres Preisniveau im Vergleich zu den bisherigen Maßanfertigungen. Er kostete rund 60.000 Euro und wurde nur ein Jahr lang angeboten. (Foto: © ampnet/Hartmann/Space Camper)

Syro lieferte bis 1984 Bausätze an Stützpunkthändler, die daraus eigene Busse bauten. (Illustration: © Syro)

Teca, Auetal, griff bei seinen Lösungen auch auf Teile etwa von Westfalia zurück. (Foto: © Teca)

Der Terracamper Terock auf Basis T6 4motion ist fernreisetauglicher als die meisten Campervans. (Foto: © Terracamper)

Varius-Besonderheit waren die herausnehmbaren Möbel. Außerdem durften die Seriensitze bleiben. (Foto: © Varius)

TEC

Die Firma – Tec Transeuropa, Trier – stattete für knapp 11.000 Mark einen Bus (»Cassandra«) komplett aus. Eine Wandisolierung kostete ebenso wie die Doppelfenster extra.

TECA

Die Wolf R. Tegtmeier, Auetal, hatte die Ausstattungspakete Alpha, Beta, Gamma, Delta und Sigma im Programm – Bezeichnungen, welche auch Volkswagen in den 80er und 90ern für seine Autoradios verwendete.

TERRACAMPER

Erst 2004 gegründet, hat sich das Unternehmen aus Hagen mit seinen hochwertigen Reise- beziehungsweise Expeditionsmobilen einen guten Namen gemacht. Das Einrichtungskonzept unterscheidet sich mit seinem Modulbaukasten aus Aluminiumelementen deutlich vom Möbelbau anderer Campervans. Dazu kommen clevere Detaillösungen und das selbst entwickelte und patentierte Open-Sky-Schlafdach. Die Bullis für die große Reise heißen »Terock« und »Tecamp«, der »Flowcamper« hingegen ist, als Hommage an vergangene Hippie-Herrlichkeiten, mit poppigen Farben und optionalen Batik-Blumen, für die gute Laune auf dem Campingplatz zuständig und wird inzwischen in einer eigenen Firma gebaut.

TISCHER

Josef Tischer, Kreuzwertheim, baut Aufsatz- (Huckepack-) Kabinen für Pritschenwagen und Pickups, nicht nur aus dem Volkswagen-Konzern. Einer der renommiertesten Anbieter auf diesem Gebiet.

VARIUS

Angefangen hat das Unternehmen 1984 mit einem abnehmbaren Hochdach für den T3, das sich zum Boot umfunktionieren ließ. Es folgten verschiedene Weiterentwicklungen, das T3-Dachboot war optional mit Außenborder oder Segelmast mit Bodenseezulassung erhältlich, denn vom damaligen Firmensitz Weingarten (heute Ravensburg) aus ist es nicht weit bis zum Schwäbischen Meer. 1987 entstand eine komplett herausnehmbare Möbelserie für den VW Multivan, der Megavan von 1991 war die Ausbaulösung für die T4-Modelle Kombi und Caravelle. Clou des Systems war die spezielle Klappsitzbank, die sich in wenigen Sekunden zum Bett umbauen ließ. Zwischen 1997 und 2003 widmete man sich vor allem dem Mercedes-Benz Vito, danach lag – und liegt immer noch – der Fokus auf Volkswagen. Nach wie vor lässt sich die gesamte Inneneinrichtung demontieren und die Varius-Klappsitzbank bildet noch immer das Herzstück des Campers.

VOLL

Die Karosseriefabrik Voll, Würzburg, hatte unter Namen wie »Rhodos« Komplettfahrzeuge mit Hubdach über die gesamte Fahrzeuglänge im Angebot. Der Ausbau kostete rund 15.000 Mark, gegen Aufpreis gab es eine hydraulische Dachbetätigung.

WAVECAMPER

Die Marke Wavecamper entstand aus der Firma Best-Evo und hat seit 2013 ihren Firmensitz in Berlin. Sie ist spezialisiert auf VW T6.1 und bietet diesen in vier Versionen an: Mit kurzem oder langem Radstand, als 4x4 Offroad-Modell und als GT in sportlicher GTI-Optik. Vor allem die verwendeten Schnierle Einzelsitze mit integrierten Gurten auf Airline-Schienen sowie die clevere Bett-Konstruktion sorgen für eine extrem große Flexibilität.

WERZ

Aus der Firma Fischer ging 2013 die Firma Werz hervor, gegründet von einem ehemaligen Mitarbeiter. Inhaber Uwe Werz war seit 1986 im Wohnmobilbau tätig, anfangs natürlich auf Basis T3. Firmensitz heute ist St. Johann auf der Schwäbischen Alb, einen Steinwurf von Reutlingen entfernt. Seine Firmenphilosophie beschrieb Werz in einem Interview so: »Ich will schöne kompakte Reisemobile bauen, die mir selbst gefallen und mindestens 20 Jahre halten.« Das

Teilintegrierte auf der Basis des VW Bus sind rar – solche mit Allradantrieb noch seltener. Einer dieser Exoten ist der Woelcke Autark T6 Crosser C4, vorgestellt 2017. (Foto: © ampnet/VW)

Eher untypisch für Tischer waren die Teilintegrierten XN und XL 65 von 1988. Letzterer basierte auf einem deutlich verlängerten Transporter der dritten Generation. (Foto: © Tischer)

GFK-Spezialist Wochner begann 1977 mit dem Modell- und Formenbau für die Industrie und stieg mit dem T4 in die Fertigung von Wohnmobilen ein. (Foto: © Wochner)

Weinsberg als Knaus-Tabbert-Marke verwandelte 2022 den T6.1 in einen Teilintegrierten mit 5,88 m Länge. (Foto: © Weinsberg)

Konzept kommt an, zwischen 30 und 40 Bullis werden pro Jahr umgebaut, und mehr sollen es auch nicht werden: »Die Stückzahl treibt mich nicht an«, so Werz-Nachfolger Ernst Thielcke.

WOCHNER

Wochner-Mobil, Markdorf, besteht seit 1977 und trat erstmals 1994 mit Alkovenmobilen auf T4-Basis in Erscheinung. Angeboten hat man sie in vier verschiedenen Grundrissen, die Kabine zeichnete sich durch ihre GFK-Sandwich-Bauweise und die integrierte Heckleiter aus. Außerdem war eine Nasszelle mit getrennter Duschkabine Standard. Wochner-Aufbauten bestehen vollständig aus GFK, sind selbsttragend und dennoch verwindungssteif, auch ohne eingebaute Möbel. Das sorgt für eine besonders hohe Stabilität. Gegenwärtig sind keine VW-Wohnmobile lieferbar.

WOELCKE

Die Woelcke individueller Reisemobil- und Sonderfahrzeugbau GmbH & Co KG in Heimsheim bei Stuttgart ist seit 1995 im Geschäft. 2004 präsentierte das Unternehmen das erste vollisolierte Reisemobil, das in seinen Abmessungen kaum größer war als die Ausgangsbasis. Der quaderförmige »Autark«-Aufbau aus hochdruckverpressten, voll verklebten GFK-Sandwichplatten ist das Markenzeichen aller Off-Road-, Allrad- und Expeditionsreisemobile des Anbieters, der auch Teilintegrierte auf VW-Basis mit und ohne Allradantrieb im Programm hat.

ZILLKA

Zillkamobile in der fränkischen Kreisstadt Roth, begann 1986 mit dem Ausbau von Volkswagen T3 aus Reimo-Komponenten und startete 1991 mit der Entwicklung eigener Baugruppen und Lösungen für T4, T5 sowie T6. Darunter befinden sich beispielsweise Hub-, Aufstell- und Hochdächer sowie Ergänzungsmöbel für California Beach oder Multivan.

Der Werz Magnum 4.9 basiert auf dem kurzen T6-Kastenwagen. Die Dächer kommen von SCA oder Polyroof. (Foto: © Werz)

Erinnerte stark an den Westfalia Joker: der Weinsberg Terra. (Foto: © Volkswagen AG)

DIE VW BUS-SZENE

Wer einen VW Bus fährt, der bleibt nicht lange allein. Überall gibt es Gleichgesinnte. Egal ob man am liebsten mit seinem T2 auf VW-Treffen fährt, zusammen mit anderen T3-Syncros die Alpen erklimmt oder mit dem Camping-T5 die Welt bereist – man kommt überall direkt ins Gespräch, tauscht sich aus und schließt Freundschaft. Dabei ist es egal, was man von Beruf ist, welcher Religion man angehört oder welche Hautfarbe man hat. VW Busse verbinden Fans auf der ganzen Welt. Ein paar erzählen auf den folgenden Seiten ihre eigene Geschichte und zeigen ganz individuell aufgebaute Bullis.

Die VW Bus-Szene ist breit gefächert. Es gibt Fans der T3-Syncromodelle, für die Schotterwege in den Alpen das Größte sind,...

... es gibt aber auch die Tuner, die ihre T6-Camper mittels Airride auf den Boden legen und ihre Freude am ebenen Ausstieg haben.

FLUCHTFAHRZEUG

Hektik. Stress. Lärm. Familie James lässt all das regelmäßig hinter sich. Mit einem der ältesten Samba-Busse der Welt. Dabei fährt sie nicht nur zum Picknicken in die nähere Umgebung ihrer englischen Heimat, sondern auch gerne in ferne Urlaubsziele wie Frankreich oder Italien.

BUS: T1, MODELLJAHR 1954
Besitzer: Rikki James

ROSEBERY HOUSE

Rikki James steht an der Tür seines typisch englischen Backsteinhauses und schaut kritisch in Richtung Samba-Bus. »Daisy, hast Du die Picknick-Decke eingepackt? Lulu, Handy weg, das brauchst Du heute nicht!« Ehe sich die 16-Jährige versieht, hat Mama Vivienne das iPhone geschnappt und in ihre Handtasche gesteckt. »Wir können!« ruft die gebürtige Schottin. Der 55-Jährige zieht die Haustür ins Schloss. Kurz darauf erwacht der unrestaurierte Rechtslenker-Samba zum Leben. Mit einem Klang, den man von diesem Auto nicht erwartet. Dumpf grollend nimmt das aus einem VW-Porsche stammende Triebwerk seine Arbeit auf. Schnell noch die die Safari-Fenster nach oben geschoben. Das riesige Faltdach ist schon offen, lässt die ersten wärmenden Frühlings-Sonnenstrahlen herein. Was für ein herrlicher Tag für eine Ausfahrt! Familie James, das sind vier Menschen und ein Bulli. »Meine Kinder sind mit ihm groß geworden. Die Mädchen kennen nichts anderes. Früher, als wir noch in London wohnten, hatten wir einen VW 1600 Variant und diesen Bus. Das war's! Ich bin zehn Jahre lang jeden Tag mit dem Samba und diesem Monster-Motor zur Arbeit gefahren. Hab' die Kids vom Kindergarten abgeholt. Und bin damit zum Einkaufen gegondelt. Sommer wie Winter.« So verrückt können nur Engländer sein. Nirgends auf der Welt ist die Zuneigung zum VW Bus so groß wie auf der Insel. Es gibt kaum ein Dorf, in dem nicht mindestens einer steht. Und wenn doch, kennt zumindest einer einen, der einen besitzt! Sagt Rikki James.

Bei unserem Protagonisten begann die Leidenschaft für den Bulli schon in Kindertagen. »Als ich sechs Jahre alt war, durfte ich mit Freunden in die Ferien. Die hatten einen brandneuen 66er T1 Camper. Ein riesiger unterschied zum Zelten, wie ich es gewohnt war. 1974 kaufte mein Vater dann einen Bulli mit Devon-Ausbau. Als ich 18 wurde und meinen Führerschein hatte, versuchte ich direkt ihm den Volkswagen abzukaufen. Klappte aber nicht. Also lieh ich mir den Bus aus, um Urlaub im französischen Biarritz zu machen. Dort sah ich zum ersten Mal einen Samba. Und da hat es mich erwischt! Seit dem bin ich hoffnungslos in T1 Bullis verknallt!« Ein paar Monate darauf stand dann endlich der eigene Transporter mit geteilter Frontscheibe vor der Tür. Rikki James begann sich mehr und mehr in die Materie einzuarbeiten, machte 1989 Bekanntschaft mit dem Split Screen Van Club, kurz SSVC, und engagiert sich seitdem sehr für den britischen Verein.

Es darf ruhig immer Samba sein

Nach kurzer Zeit wurde dem Mann mit dem Rastalocken klar, dass seinem Bus definitiv acht kleine Dachfenster und ein Faltdach fehlten. Ein Samba musste her! »Im SSVC Club-Magazin - was damals ein kopiertes A5 Faltblatt war – fand ich ein passendes Inserat. Geld hatte ich natürlich keins. Nur meinen Westfalia-Bus als Tauschobjekt. Ich fuhr hin, schlug dem Verkäufer den Deal vor und er willigte tatsächlich ein. Der muss mich für einen Geisteskranken gehalten haben, denn sein Samba glich einem Haufen Schrott, während mein Bus ziemlich okay war. Keine Ahnung, was ich mir dabei gedacht habe. Aber so bin ich halt«, erzählt Rikki James lachend. »Im Sommer war es ein Traum, im Winter furchtbar. Der Wagen hatte keine Heizung, ich fuhr immer mit Ugg Boots, Mütze, Handschuhen

Weltweit sind nur 136 Barndoor-Samba-Busse bekannt, also Modelle bis Februar 1955, die noch die große Motorklappe haben.

Das Kennzeichen 13US liest sich wie »BUS« und gehört Rikki. Würde er es verkaufen, wäre es einen fünfstelligen Pfundbetrag wert!

Der Dachhimmel, die Anbauteile, alles noch von 1954. Nur die Lichterkette ist neueren Datums.

Für die Töchter Daisy und Lulu gibt es kein Leben ohne diesen Bus. Sie wurden früher mit dem 54er Samba in den Kindergarten gebracht und fuhren in ihm zum Einkaufen. Unvergessen sind auch die zahlreichen Urlaubsreisen mit dem seltenen Bus.

und Wolldecken verkleidet herum. Es war saukomisch!« Mit diesem Bus machten sich Viv und Rikki, die noch nicht denselben Nachnamen trugen, 1992 auf zum »größten Abenteuer unseres Lebens. Abgesehen davon, Kinder zu haben«, wie der Bus-Fan schmunzelnd bemerkt. »Von England aus ging's mit der Fähre nach Santander in Spanien, dann nach Portugal, zurück nach Spanien, Frankreich, besuchten dort das VW-Treffen in Menton. Italien stand als nächstes an, von Brindisi weiter per Fähre nach Griechenland. Dann von Insel zu Insel und zurück aufs Festland. Und plötzlich war das Geld aus! Egal, es waren sechs fantastische Monate!« Und Vivienne James fügt grinsend hinzu: »Als wir zuhause ankamen hatten wir genau 10.067 Meilen zurückgelegt. In unserem 67er Samba!«
Der durfte noch ein wenig bleiben, bis Rikki James einen 65er Samba entdeckte und kaufte. Der wiederum musste einem 60er Platz machen. »Wir hatten immer rechtsgelenkte Sambas. Ich bewege mich gerne schnell fort und mit dem vielen Glas um dich herum siehst du immer, was los ist. Es ist als ob man in einem Goldfischglas fährt.« 1996 diente der auf Grund seiner Lackierung »Herbie-Bus« genannte 1960er Samba als Hochzeitskutsche der Jamesens bevor er einem 58er weichen musste. »Der Wagen war toll«, erinnert sich Vivienne James. »Komplett restauriert. Schnell. Wahrscheinlich einer der besten Busse Englands.« »Und dein Mann tauscht ihn gegen einen 54er Schrotthaufen ein«, schmunzelt ihr Partner. »Ich musste den Wagen aber einfach haben. Einen so frühen, unberührten Samba bekommt man nicht zweimal im Leben angeboten!«

Faltig und schnell

Im Gegensatz zu den bisherigen Bussen ließ Rikki James den 54er äußerlich unangetastet. »Mit Restaurationen war ich durch. Das Auto hat mich fasziniert, weil es von außen so unberührt war. Erster Lack. Beulen und Kratzer, die von einem harten Leben erzählen. 1996 hat das aber kaum jemand verstanden. Den Begriff ‚Patina' benutzte man noch nicht im Zusammenhang mit Oldtimern.« Da aber Motor und Getriebe bereits aus einem jüngeren Modell stammten, taten dem Familienvater weitere Änderungen nicht weh. »Ich hatte schon immer diese Vision von einem sehr schnellen, sehr frühen Bus! Schnell sein, bedeutet weniger Zeit auf der Autobahn zu verbringen. Mehr Zeit auf einem Treffen zu haben. Mehr Zeit zuhause verbringen zu können. Mit dem 54er ziehe ich raus auf die Überholspur, gebe Gas und kann entspannt mit 130, 140 km/h über die Bahn pesen.« Er hält kurz inne, fährt dann feixend fort: »Naja, eigentlich sind das alles nur Ausreden, um einen großen Motor zu haben!« Groß bedeutet in seinem Fall 2,6 Liter Hubraum und knapp über 200 PS. Dazu gehören natürlich auch Scheibenbremsen rundum, ein verbessertes Fahrwerk sowie ein Porsche-Getriebe. »Mein Samba ist wirklich auf die nun achtfache Leistung ausgelegt!«

Alltagsflucht

Dass so starke Modifikationen nicht gleichbedeutend mit geringerer Zuverlässigkeit sein müssen, beweist Familie James fast jedes Sommer-Wochenende. »Wir sind ständig mit dem Samba unterwegs. Auf Veranstaltungen in ganz Europa oder einfach nur für ein Picknick in der Umgebung«, resümiert Vivienne James. Und ihr Mann fügt

Rikki James und sein Samba sind in Szene-bekannt, schließlich engagiert sich der Brite auch sehr in der Bus-Gemeinde.

Ein Halt bei der örtlichen Bäckerei gehört dazu, bevor Vivienne und Rikki sich auf den Weg zu einem Picknick machen.

Der Schlüssel steckt, das nächste Abenteuer ruft! Der Tacho zeigt zwar Meilen an, die Skala reicht aber trotzdem nicht aus...

Kratzer, Beulen und verblichener Lack zeugen von einem langen Leben, die Scheinwerfergitter bieten nur Schutz vor Steinschlag. »Wäre mein Bus restauriert, würde ich ihn sicher nicht so entspannt nutzen, wie meine Familie und ich es tun«, erklärt Rikki James.

hinzu: »Wenn wir in den Samba steigen, schalten wir automatisch in den Freizeit-Modus. Als ob mit dem Schließen der Tür der Alltag ausgesperrt würde.« Das mag auch an den vielen Urlaubserinnerungen liegen.

Familienurlaub

»Ein, zwei Mal im Jahr geht's zum Camping und 2012 haben wir mit den Kindern einen Roadtrip durch die Pyrenäen gemacht. Als ich Lulu und Daisy eröffnete, dass wir ausnahmsweise in den Sommerferien nicht in den Süden fliegen, sondern eine Reise per Bus unternehmen würden, schauten mich die zwei an, als sei ich ein Außerirdischer!« Der sympathische Engländer schüttelt sich vor Lachen. »Die wussten gar nichts damit anzufangen! Allerdings wich die Skepsis nach ein paar Tagen auf der Straße purer Begeisterung. Jeden Tag an einem anderen Ort. Wild campen in den Ausläufern der Pyrenäen. Kein Mensch weit und breit! Kein Haus, kein Fernseher, kein WiFi. Einfach die Flügeltüren aufmachen, Klappstühle rausstellen, was zu essen machen, ein Glas Wein. Die Kids auf den Fahrrädern, baden im See. Das Leben kann nicht besser sein, oder?« Rikki James schwärmt weiter: »Viv und ich schliefen unten im Bus, die Mädels oben im Dachzelt, das zusammengefaltet wie eine Art Dachgepäckträger aussieht. Über eine Leiter erreichten sie so ganz autark ihr Domizil und hatten Ruhe vor den Eltern. Und wir konnten unten gemütlich vor dem Bus sitzen und die Zweisamkeit genießen. Ein unvergesslicher Trip!« »Seitdem fragen sie auch immer wieder, wann wir den nächsten Roadtrip planen«, wirft Mrs. James ein. Und wann wird das sein? »Momentan lässt mir die Arbeit kaum Zeit«, antwortet der smarte Brite. »Seitdem wir außerhalb Londons wohnen, hat sich mein Tagesablauf stark geändert. Wir sitzen jetzt zwar draußen im Grünen, aber ich habe an jedem Arbeitstag mindestens zwei Stunden Fahrt vor mir – wenn ich ohne Stau durchkomme. Ich verlasse das Haus gegen 20 nach Fünf und komme abends meisten erst zwischen 19 und 20 Uhr nachhause.« Und wie legt Rikki James den Weg zurück? Mit der Bahn? Oder mit dem Auto? Der Brite dreht sich um, zeigt nach draußen in den Hof. »Mit dem Bulli natürlich. Nicht mit dem 54er, sondern mit unserem T5 Multivan. Ich hatte auch schon Porsche und BMW, aber den Transporter ziehe ich jeder Limousine und jedem Sportwagen vor. Ich bin eben ein Bus-Mensch. Durch und durch!«

Wer wohl 1954 als erster hinter dem rechts angebrachten Lenkrad saß und den Klängen des Telefunken-Radios lauschte?

Jede Menge Sticker von Bus-Treffen, Bus-Teilehändlern und Bus-Magazinen schmücken die Seitenverkleidungen des 54ers.

Vivienne und Rikki James haben schon ganz Europa bereist, selbstverständlich immer in einem Samba-Bus. Wenn sie mit den Kindern unterwegs sind, schläft der Nachwuchs im Dachzelt und die Eltern nächtigen im Bulli.

Die acht Dachfenster und das Faltdach machen jede Fahrt im Samba-Bus zu einem ganz besonders luftigen Erlebnis.

Schön war's! Nach jedem Trip darf der Samba wieder in seine unauffällige Garage im Garten von Familie James.

BUS: T1, MODELLJAHR 1960

Besitzer: Alexander Kogler

1960 freute man sich sicher sehr bei der freiwilligen Feuerwehr im österreichischen Dürnstein. In diesem Jahr bekamen die Retter einen nigelnagelneuen VW Bus, ausgebaut vom renommierten Unternehmen Rosenbauer. 20 Jahre lang versah der 11-Fenster-Bus dort seinen Dienst, dann übernahm ihn ein Arzt. Der ließ das Dach eine verunfallten Samba-Buses einschweißen. Wahrscheinlich hatte das Spenderfahrzeug einen Frontschaden gehabt, anders lässt sich das Fehlen der vorderen Dachfenster nicht erklären. Vielleicht spielten auch ästhetische Gründe eine Rolle, man weiß es nicht. Die Wahrheit verliert sich im Dschungel der Geschichte.

Auf jeden Fall entdeckte ein Bekannter des jetzigen Besitzers den feuerroten Bulli auf dem Wochenendbauernhof besagten Arztes. Sechs Jahre lang versuchten sie den Herrn davon zu überzeugen, den Wagen abzugeben. Im Juni 2006 gelang es dann schließlich. Alex Kogler und sein Freund Franz Josef Brunnader bargen den Bulli. Behutsam ersetzte Alex nur das durchgegammelte Blech an Schwellern, Radläufen und Trägern, um so viel Originallack wie möglich erhalten zu können. Das Fahrwerk versah er mit einer verstellbaren Vorderachse, entfernte hinten die Vorgelege und montierte vorne eine CSP-Scheibenbremsanlage.

Nach zehn Jahren rollte die instandgesetzte Feuerwehr zum ersten Mal aus der Halle des technischen Angestellten. »Für mich ist der Transporter echt was Besonderes, weil ich auch lange bei einem Aufbauhersteller für Feuerwehren gearbeitet habe. Außerdem fühlt man sich beim Fahren immer wie in der Zeit zurückversetzt. Das liebe ich an meinem T1«, weiß der 54-Jährige zu berichten. Zum Einsatz kommt der VW jedoch nur noch auf Treffen, die dürfen dann aber auch mal etwas weiter weg sein.

Mit 1600 Kubik, zwei 40er Weber IDF-Doppelvergasern und einer CSP Python-Abgasanlage geht der Bulli wie die Feuerwehr...

Beim Lack handelt es sich zu großen Teilen noch um die originale Farbe, am Dach und untenherum musste nachlackiert werden.

Bis auf einen Jaeger-Drehzahlmesser blieb das spartanische Armaturenbrett des Feuerwehr-Bullis unangetastet.

Platz für sechs Mann boten die beiden Holzbänke, im Heck des Transporters wurden Ausrüstungsgegenstände verstaut.

Alex legte seinen VW mithilfe einer verstellbaren Vorderachse tiefer. Hinten sorgt das Fehlen der Reduktionsgetriebe – auch Vorgelege genannt – bereits für eine Tieferlegung, erfordert aber auch den Umbau des Getriebes. Bei den Rädern handelt es sich um Rostyle-Felgen in 4,5 und 5,5x15“.

BUS: T1, MODELLJAHR 1966

Besitzer: Jochen Schlebes

Schon immer war Jochen Fan luftgekühlter Volkswagen. Drei Käfer und einen T1-Bus nannte er sein Eigen. 1998 mussten sie dann alle gehen, ein Hauskauf stand an. Die Sehnsucht nach einem alten VW aber blieb. »Als ich 2010 zwei meiner Geschwister verloren habe, wusste ich, dass ich nicht länger warten darf!« Drei Jahre später ergab sich dann die Gelegenheit: Ein 66er 11-Fenster-Bus zog bei Jochen ein. »Der restaurierte Wagen brauchte noch Restarbeiten, aber ich gönnte ihm zusätzlich noch einen Schräglenker-Umbau, CSP-Scheibenbremsen rundum, eine CE-Zahnstangenlenkung und einen Typ-4-Motor mit 2,4 Litern Hubraum und 158 PS.« So ausgerüstet geht es nicht nur zur Eisdiele um die Ecke, sondern mit samt Wohnwagen auch entspannt in den Urlaub.

Die TÜV-geprüfte CSP-Scheibenbremsanlage ist alternativlos, will man den originalen Lochkreis von 5x205 behalten.

Der 66er 11-Fenster-Bus von Jochen macht einen unauffälligen Eindruck. Die Tieferlegung fällt kaum auf, die Scheibenbremsen rundum bemerkt man hinter den EMPI-Felgen nicht und an 158 PS im Heck denkt hier kein Mensch. So sieht für den Lippstädter Freiheit auf Rädern aus.

BUS: T1, MODELLJAHR 1965

Besitzer: Lars Hardacker

Die Faszination VW Bus äußert sich auf unterschiedliche Art und Weise. Für Lars Hardacker bedeutet sie »mit dem Wohnzimmer in Urlaub fahren können.« Wobei er dafür eher seinen T2b Westfalia benutzt. »Mit dem T1 geht's meistens ohne die Family auf Treffen. In Benelux, Frankreich, Italien und England, ich fahre überall auf Achse hin.« Der 1,90-Mann sitzt dabei auf zwei Gartenstuhlauflagen. »Eigentlich war das nur als Provisorium gedacht, aber hat sich dann doch als ausgesprochen bequem erwiesen.« Überhaupt ist das Interieur einfach, aber gemütlich gestaltet. Die Schlafbank stammt aus dem Zubehör, die Schränke baute der Feuerwehrmann selbst. »Ich habe eine Standheizung, eine zweite Batterie und soagr Landstrom-Anschluss, das lässt sich schon aushalten.« Wohnlichkeit geht hier ganz klar vor Motorleistung. Das Serientriebwerk leistet zuverlässige 44 PS, die Trommelbremsen reichen dafür. An denen drehen sich seltene Calparts-Felgen in der Größe 6x15. Sie erregen neben der einzigartigen Patina Aufmerksamkeit. Aber nicht nur auf VW-Events, sondern auch auf den Campingplätzen Europas.

Die Häkeldecke sorgt für Gemütlichkeit, die beiden Lampen werden von der zweiten Batterie oder von Landstrom gespeist.

VW Busse mit so einer Patina kommen fast immer aus den trocken-heißen Staaten der USA, so wie auch Lars' 65er. Tiefergelegt wurde er in Deutschland mittels verstellbarer Vorderachse, Käfer-Getriebe (Dank an Kai) und durchgehenden Antriebswellen.

BUS: T1, MODELLJAHR 1960

Besitzer: Marc Hänel

Als sich Marc Hänel 2021 diesen 15-Fenster-Deluxe-Bus zulegte, war er in Sachen luftgekühlte VW kein unbeschriebenes Blatt. »Ich fahre schon seit Jahren Käfer, habe auch einen Karmann Ghia. Nur ein Bus fehlte noch in meiner Garage.« Während die anderen beiden Oldtimer eher Showcars sind, durfte der 1960er Bus bewusst seine verwitterte Optik behalten. »Der Wagen ist komplett geschweißt, die Lackierung darüber entsprechend der restlichen Patina künstlich angeglichen. Ich nutze den T1 mit meiner Lebensgefährtin Nadine für Fahrten in die nähere Umgebung und auch mal für ein Picknick im grünen. Dafür wäre mir ein top-restauriertes Auto einfach viel zu schade«, erklärt der Fluggerätemechaniker.

Vor kurzem hat sich zu der verstellbaren Vorderachse (zum Tieferlegen), der Schräglenker-Hinterachse und der Porsche-944-Bremse noch ein 1,8 Liter großer Typ-1-Motor von Mainspeed gesellt. Optisch macht er mit seinem Einfach-Vergaser ganz auf Serie, sollte aber gut für rund 80 PS sein. Damit werden nicht nur die Fuchs-Felgen-Nachbauten von Maxilite schneller bewegt, sondern eventuell auch längere Fahrten attraktiver. Marc meint: »Vielleicht fahren wir dann damit doch mal in den Urlaub an den Gardasee. So wie unsere Großeltern.«

Die polierten und lackierten Fuchs-Felgen-Replicas stammen von Maxilite und messen 6 und 8x15 Zoll.

Neben den Frontscheiben lassen sich auch sechs der insgesamt acht seitlichen Fenster aufstellen.

Der Fahrgastraum ist komplett neu ausgestattet mit Kunstleder-bezogenen Verkleidungen. Das kleine Surfboard...

Marc Hänels 1960er Bulli stammt aus den USA und begann sein Leben eigentlich als 15-Fenster Deluxe-Bus. Irgendjemand verpasste ihm im Laufe seines langen Lebens ein Samba-Dach. Dass es kein echter ist, stört den Besitzer nicht und ist auch anhand der Fahrgestellnummer ersichtlich.

... kann bei Bedarf mithilfe eines Edelstahl-Fußes am Boden befestigt und als Tisch verwendet werden.

Die Klappbank stammt von Rusty Lee aus Großbritannien und bildet mit dem Kofferraum eine ebene Schlafstätte.

BUS: T2A, MODELLJAHR 1969

Besitzer: Helge Ohmes

Es gibt in der luftgekühlten VW-Szene nur wenige, die Helge Ohmes nicht kennen. Der gebürtige Hamburger ist nämlich nicht nur Gästeführer im Automuseum Prototyp, sondern vor allem Verkäufer bei Custom & Speed Parts, einem Teilehändler für Heckmotor-Volkswagen. »Ich habe mein Hobby zum Beruf gemacht«, berichtet der 53-Jährige. »Wobei ich eigentlich anfangs mit meinem Käfer zufrieden war und gar keinen Bus wollte.« Der lief ihm 1997 an einer Tankstelle eher zufällig über den Weg. »Als ich meinen Alltagskäfer mit Benzin versorgte, sprach mich der Tankwart an, ob ich Interesse an einem vererbten T2-Bus haben würde.« Die gute Substanz und vor allem das Lächeln des T2-Gesichts überzeugten. Helge versah den Wagen mit einer Campingausstattung und einem 2-Liter-Motor und nutzt ihn seitdem als Zugfahrzeug und Schlafwagen. Sein Motto: »Happiness is a hot VW!«

Über dem Speedwell-Volant thront ein Autometer-Drehzahlmesser mit Schaltlampe, der von Leistung im Motorraum kündet.

Die Camping-Ausstattung stammt aus einem gleichalten Westfalia-Bus und sorgt für gemütliche Atmosphäre.

Der matte Lack im Farbton »Savannenbeige« und die Prilblumen auf dem Dach machen den T2a von Helge unverwechselbar.

Es mag sein, dass der T1 der charismatischere, schönere Bus ist, aber ohne Frage lässt sich ein T2 deutlich bequemer fahren. Deshalb sind Helge und seine Frau Moni auch gerne mit dem Bulli unterwegs – hauptsächlich in Skandinavien, aber auch in Belgien oder Holland.

CARPE DIEM

Tobias Stadtfeld ist Kinderarzt und betreibt Radsport. Bei beidem spielt Zeit und Geschwindigkeit eine Rolle. In seinem 71er VW Bus tickt die Uhr anders. Er hilft dem Winzersohn beim Entschleunigen.

BUS: T2A, MODELLJAHR 1971
Besitzer: Tobias Stadtfeld

citec
DISC 8000
CANYON.com
6000 CX

Kinderarzt Tobias Stadtfeld hilft seinem Vater noch oft auf dem elterlichen Weingut an der Mosel. Im Gegenzug unterstützt ihn der Altvordere dann auch gerne mal mit 800 Flaschen Wein als Teilzahlung für seinen 1971er VW Bus.

»Sierragelb« nennt sich die Farbe auf Tobias' Bus und war nur für die Modelljahre 1971 und 1972 verfügbar.

Im Moseltal verstecken sich eine ganze Menge alter Volkswagen hinter den Hoftoren der Weingüter.

Goldgelb schimmert der 2018er Grauburgunder im Kelch, läuft nach dem Schwenken ölig das Glas herunter. Noten von grünem Apfel und Pfirsich schmeicheln der Nase. Der erste Schluck – ein Genuss! So darf ein langer Tag gerne ausklingen. Tobias Stadtfeld stellt den Wein ab. Im Hintergrund prasselt das Feuer im Kamin. »Ich bin häufig zehn, zwölf Stunden in der Praxis, da mache ich zum Feierabend gerne mal eine Flasche Wein auf.« Natürlich eine aus dem Familienweingut seiner Eltern. Der Kinderarzt wuchs im Moseltal auf, einem der besten Weinbaugebiete überhaupt, und verbrachte schon als Kind viel Zeit im Freien. »Raus aus dem Alltag, rein in die Natur, eigene Wege finden, Neues entdecken! Das kann ich am besten mit dem Bus und meiner zweiten Leidenschaft, Radfahren. Durch beides habe ich schon viele neue ›Leidensgenossen‹ kennengelernt – sowohl Bus-Verrückte als auch Sportbegeisterte.«

Auf Wein gebaut

Ein Leben ohne den Bulli aus dem Baujahr 1971 kann sich der 42-Jährige gar nicht mehr vorstellen. »Anfänglich war es mein Kindheitstraum, irgendwann einen Bus zu besitzen. Bald schon konnte ich auch meine damalige Freundin und heutige Frau Nina von der Idee begeistern. So entschloss ich mich 2010 das nötige Kapital zu investieren und einen Transporter der zweiten Generation zu kaufen!« In Holland stand der Fensterbus damals zum Verkauf, den er sich zusammen mit Nina und Schwiegervater Helmut Hard anschauen ging. Mit dem Geschick des Kaufmanns konnte Papa Hard den Kaufpreis drücken und – noch wichtiger für den jungen Sportler – eine Teilzahlung in Naturalien aushandeln. Zwei Wochen später machten sich Vater und Sohn Stadtfeld mit Geld und 800 Flaschen Wein auf den Weg in die Niederlande, um den sierragelben Neuerwerb auszulösen.

Seitdem hilft der Bulli beim Entspannen. Und einmal sogar beim Heiraten. »Nina habe ich im Bus in Holland am Strand einen Heiratsantrag gemacht. Die Hochzeit sollte in unserem Traum-Land Norwegen stattfinden. Natürlich mit dem Bus.« Der ließ das Brautpaar nicht im Stich. Nahezu. Kurz vor der Trauung versagte die Benzinpumpe und die Braut musste schieben. »Ein Bild, das viele Hochzeitsfotografen inszenieren! Bei uns wurde es Wirklichkeit!« Und sicher nicht die letzte große Fahrt. Dank Schlafbank und Kühltruhe kein Problem! Vor allem hat sich mittlerweile Nachwuchs

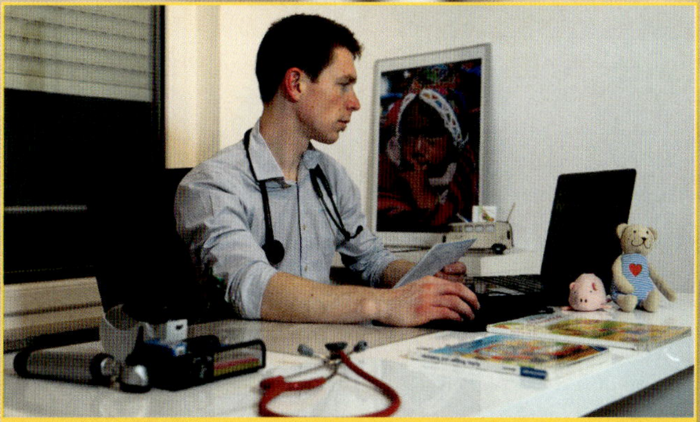

Nach zehn, zwölf Stunden in der Praxis freut sich der Kinderarzt auf eine entschleunigende Fahrt in seinem T2a-Bus.

Die Schutzleisten und die Nebelscheinwerfer auf der Stoßstage wurden vom Vorbesitzer nachgerüstet.

eingestellt und der soll auch im Bus die Welt entdecken können. »Zu meinen Zielen gehört auf jeden Fall noch mal eine Fahrt nach Norwegen mit der ganzen Familie. Das haben wir zwar schon mit unserem Alltags-T5 gemacht, aber mit dem T2 ist es doch noch mal was anderes. Außerdem würde ich gerne mit zwei Freunden und unseren Rädern in die Alpen, mit Bulli und Rädern die Pässe überqueren und vor einem grandiosen Panorama zu übernachten ist reiner Spaß und Luxus!«

Mehr Saft!

Bevor diese Reisen realisiert werden, soll sich aber noch was im Heck des Busses ändern. »Um auch mit samt Kindern auf große Fahrt gehen zu können, habe ich einen alten Westfalia-Anhänger gekauft, der in den Farben des Busses lackiert ist. Mit dem im Schlepptau wird es auf Dauer mit den originalen 50 PS doch etwas zu anstrengend. In Planung ist eine Hubraumerhöhung um 200 Kubikzentimeter auf 1,8 Liter. Zusammen mit einem etwas größeren Vergaser, einer anderen Nockenwelle, neuen Zylinderköpfen und einer passenden Abgasanlage sollte genügend Leistung und vor allem Drehmoment da sein, um auch mit Hänger entspannt Berge hochzufahren.« Aber egal wie viele Pferdchen das luftgekühlte Herz nun tatsächlich zur Verfügung stellt, für den Familienvater ist Reisen mit dem Bus einfach pure Freiheit! Selbst zu entscheiden, wo es hin geht! »Ganz gut trifft das ein Zitat aus dem Film ›The Old, the Young and the Sea‹. In dem heißt es: ›If you buy a van, it will change your life. You will become like a bird. You are here – and tomorrow at some other place. The world is your terrace‹. Dem ist nichts hinzuzufügen«, schließt Tobias Stadtfeld grinsend ab.

Im Keller des Weinguts finden sich auch noch einige Flaschen aus dem Geburtsjahr des Busbesitzers.

1971 gehörten Rückfahrscheinwerfer noch nicht zur Serienausstattung, weshalb sie nicht im Rücklicht integriert waren.

Wenn die Kinder im Bett liegen setzt sich Tobias gerne mit einem guten Glas Wein und Bus-Lektüre vor den Kamin.

Zum Ausgleich braucht der VW-Fan Bewegung und die bekommt er am besten beim Radfahren im Moseltal.

WIL-LI steht auf dem Nummernschild und genauso heißt der Bus auch: »Willi«. Er begleitet Familie Stadtfeld seit 2010 auf großen und kleinen Fahrten, wie hier im frühlingshaften Piesport an der Mosel.

BUS: T2A, MODELLJAHR 1971

Besitzer: Henning Strunz

Reduce, reuse, recycle – so heißt es nicht nur bei Sänger Jack Johnson im Song »The 3 R's«, diese drei Worte spielen auch im Leben von Henning Strunz eine Rolle. Zum einen ist er Geschäftsführer einer Firma für Recycling-Maschinen, zum anderen tauschte er eine Mercedes V-Klasse gegen einen gut abgehangenen T2a. Doch Moment, wie kam es denn dazu? »Den Daimler-Van fuhr ich geschäftlich. Als er aus dem Leasing ging, entschied ich mich für was Kleineres. Allerdings war klar, dass wir was brauchten, in dem genug Platz für unsere 10-jährige Tochter Martha und unseren 55-Kilo-Hund Butch ist. Da ich schon seit meinen Zeiten als VW Kübel-Fahrer mit einem luftgekühlten Bus aus Hannover liebäugelte, schien jetzt der richtige Zeitpunkt zu sein«, erläutert der 47-Jährige.

Zusammen mit seinem Bruder machte er sich auf die Suche nach etwas Passendem. »Für mich als großer Mensch kam ein T1 nicht in Frage, da sitze ich nicht bequem drin. Auf meiner Wunschliste stand ganz klar der technisch weiterentwickelte T2, gerne noch ein Modell mit runden Stoßstangen, also ein T2a bis 1971.« Außerdem schwebte dem Familienvater ein unrestauriertes Fahrzeug vor, wie man sie beispielsweise in Kalifornien oder Arizona findet. Diverse Händler in den Niederlanden wurden abgeklappert, aber auch deutsche Angebote geprüft. Nach einem weiteren Fehlschlag stand nur noch der Vdub-Shop in Viersen auf dem Programm. »Wir hatten nichts erwartet, wollten fast schon heimfahren. Doch dann rollten wir auf den Hof und da stand er: ein 71er T2a mit herrlich verlebter Optik und der ersten Schicht Savannenbeige. Ich war direkt verliebt!« Das aus Kalifornien stammende Auto war rostfrei, hatte lediglich zwei kleine Schweißstellen, mehr gab es nicht zu mäkeln. »Nach dem Kauf Ostern 2022 bekam der Bulli noch zwei Sitze aus einem Porsche 914, einen gründlichen Check bei Kummetat in Gelsenkirchen und dann ging es mit frisch TÜV und H-Kennzechen in die Ferien nach Slowenien.« Und die Familie? »War begeistert! Der alte Transporter macht uns so viel mehr Freude als ein moderner Van!« Zwischenzeitlich spendierte Henning dem Bus noch eine neue Innenausstattung, eine leichte Tieferlegung, ein lang übersetztes Getriebe sowie einen Kummetat-Motor mit 2,1 Litern Hubraum. »Inzwischen haben wir gut 10.000 Kilometer abgespult und jeder einzelne war ein Genuss. Der Urlaub beginnt hier einfach schon beim Einsteigen!«

Sitze aus einem VW-Porsche 914 mit integrierten Kopfstützen sowie der Gene-Berg-Schalthebel machen das Reisen bequemer.

Beulen, Kratzer, matter Lack – aber jede Menge erlebt: So mag Henning seinen VW Bus, mit dem er und seine Familie oft verreisen.

Den Innenraum ließ Henning bei Leather-Art komplett neu machen, nachdem er selbst alles darunter mit Isolierung beklebt hatte.

Das Blazecut-Feuerlöschsystem schützt den ganzen Bus, nicht nur den 2110 ccm Typ-1-Motor, aufgebaut von Firma Kummetat.

Man sieht es dem 71er Bus kaum an, aber er ist tatsächlich ein wenig tiefer als original. Das funktioniert dank einer verstellbaren Vorderachse. Die Radhäuser füllen zeitgenössische Mahle-BBS-Felgen im Kreuzspeichen-Design, die ohne Änderung der Bremse montiert werden konnten.

BUS: T2A WESTFALIA, MODELLJAHR 1970

Besitzer: Dirk Schütte

Luftgekühlte VW spielen in Dirk Schüttes Leben schon immer eine Rolle. »Mit 19 hatte ich einen Karmann Ghia, später kam eine T1 Pritsche dazu. Beides war allerdings nicht so richtig familientauglich!« Aus diesem Grund begann der Schreiner Ende 2015 nach einem T2 zu suchen. Baujahr 1970, so wie Dirk. »Im Januar 2016 fand ich einen in ziemlich desolatem Zustand, aber nur drei Tage jünger als ich. Den baute ich zusammen mit meinem Sohn innerhalb von eineinhalb Jahren wieder auf.« Ganz serienmäßig blieb der Bulli dabei nicht. Die leichte Tieferlegung sorgt für besseres Fahrverhalten, der auf 1776 ccm vergrößerte Hubraum hilft dabei den mittlerweile angeschafften Eriba-Wohnwagen zu ziehen. »Mit dem Gespann fährt unsere vierköpfige Familie gerne in Urlaub, weil Busfahren einfach entspannt!«

Den Innenausbau fertigte Dirk nach originalem Muster komplett neu an – ein Kinderspiel für den gelernten Schreiner.

Eineinhalb Jahre dauerte die Restauration des Westfalia-Campers, die Dirk mit seinem Sohn Tom durchzog. Jetzt strahlt der T2a wieder in seinem originalen Lotusweiß, trägt Nachbauten der legendären BRM-Felge und ist für ein besseres Fahrverhalten leicht tiefergelegt.

Mit dem Westfalia fährt Familie Petry gerne ans Meer nach Holland und lässt sich in Belgien auch gerne mal betanken.

BUS: T2A WESTFALIA, MODELLJAHR 1971

Besitzer: Timo Petry

Eigentlich war es Sohn Karl, der Timo Petry auf den Bus-Geschmack brachte. »Unsere Nachbarn waren ziemlich VW-verrückt und hatten mehrere luftgekühlte Wolfsburger. Eines Tages stand ein gelber T1 vor der Tür«, erinnert sich der 45-Jährige, »und Karl wollte unbedingt einmal drinsitzen. Natürlich ging das.« Der Funke sprang direkt über. »Ein paar Monate später zog ich mit meinem Nachbarn los, T2-Busse anschauen.« Die Suche verlief erfolgreich und schon bald parkte ein roter 71er Westi bei Petrys in der Garage. Der musste untenrum einmal geschweißt werden, war sonst aber gut in Schuss. »Wir wollten kein Auto im Top-Zustand, sondern eines, das wir wirklich für Urlaubsfahrten benutzen können.« Genau dafür haben Timo, seine Frau Beate und Sohn Karl den Bulli nun auch schon seit 2014.

Timos T2a stammt aus den USA und musste vor der Zulassung erstmal untenherum komplett geschweißt werden. Eine dezente Tieferlegung mittels verstellbarer Vorderachse und 5-Spoke-Felgen mit passendem 5x112er Lochkreis prägen die Optik des Campers.

Den Mitteldurchstieg statt der halbhohen, durchgehenden Trennwand bevorzugen die meisten Bus-Besitzer.

Serienmäßige 1600 Kubikzentimeter Hubraum reichen André vollkommen für Ausflüge in die nähere Umgebung aus.

Einen Hauch von Eleganz und Luxus verleihen dem Bulli die Zierleiste auf der Gürtellinie und die Gepäckschutzgitter, auch »Jail Bars« genannt. Nur wer weiß, wie hoch T2-Busse serienmäßig sind, der bemerkt an André Strempels VW die sanfte Tieferlegung.

Runde Stoßstangen, tiefliegende Blinker – das T2a-Gesicht ist doch noch deutlich nostalgischer als das des moderneren T2b.

BUS: T2A KOMBI, MODELLJAHR 1969

Besitzer: André Strempel

Woher die Liebe zum VW Bus rührt, kann André Strempel auch nicht so richtig erklären. »Eine meiner frühen Kindheitserinnerungen ist der Käfer meiner Mutter und das beruhigende Motorengeräusch, das der Vierzylinderboxer von sich gab. Vielleicht hat mich das geprägt«, versucht der 40-Jährige zu analysieren. »Auf jeden Fall schwärmte ich schon seit meinem ersten Besuch auf der Techno Classica in Essen 2003 für einen T1-Bus. Allerdings blieb es bei der Schwärmerei, denn die Preise für die frühen Busse hatten schon angezogen und ich war noch Student.«

Wie das Leben so spielt, kam nach dem Studium der erste Job, dann die Frau, dann die Kinder, dann das Haus. Wer kennt das nicht? Doch in Andrés Kopf war immer diese Sehnsucht nach dem Bus. Und die ließ auch nicht nach. »Ich hatte ja genügend Zeit mich mit dem Thema zumindest theoretisch auseinanderzusetzen. Das half auch dabei zu verstehen, was man wirklich braucht und was nicht. Ein T1 ist optisch natürlich unschlagbar, eine Ikone. Technisch und vom Fahrkomfort her, ist der T2 aber die deutlich ausgereiftere Variante. Und natürlich auch die bezahlbarere Alternative, muss man ganz klar sagen.« Das bescherte dem Familienvater 2019 einen T2b, also das modernere Modell mit eckigen Stoßstangen, quadratischen Blinkern rechts und links des Lufteinlasses und den großen Leuchten am Heck. Knapp ein Jahr blieb der Bulli bei André und seiner Familie, dann veräußerte er ihn wieder.

»Mir wurde klar, dass ein T2a einfach das Richtige für mich ist. Mit seinen runden Stoßstangen und kleinen Rückleuchten ist er von hinten kaum vom T1 zu unterscheiden, hat unter dem Blech aber die modernere Technik. Ich stöberte die üblichen Onlineplattformen durch und wurde 2021 fündig.« Der 69er Bulli kam von privat, das Besitzerpaar hatte ihn gut zehn Jahre lang gefahren. »Ursprünglich lief der Wagen in Schweden, es waren auch noch sehr viele Rechnungen, Belege und das Bordbuch dabei«, erinnert sich der Ingenieur. Ein weiterer Vorteil: Die Vorbesitzer hatten sich schon um die Instandsetzung des Transporters gekümmert. Sie hatten den wenigen Rost entfernen und den Bus danach in originalem Lotusweiß lackieren lassen. Vorne arbeitete bereits eine verstellbare Vorderachse, die den T2a nicht nur etwas tiefer legte, sondern auch das Fahrverhalten verbesserte. Bei den serienmäßigen Trommelbremsen rundum ließen es die ehemaligen Eigner bewenden, lediglich gewölbte Käfer-Radkappen und Edelstahl-Zierringe schmücken nun die originalen Stahlfelgen. Für Vortrieb sorgt ein 1600er Typ-1-Motor, der mit einem SSP-Edelstahlauspuff versehen ist.

Damit Familie Strempel Freude am Reisen hat, ist im Inneren alles mit rotem Kunstleder verkleidet, wie schon ab Werk. Zwei Dreier-Sitzbänke bieten den Kindern genügend Raum und auch der Hund findet noch Platz. Der Mitteldurchstieg ermöglicht es Mutter Giannetta auch während der Fahrt nach dem Nachwuchs zu schauen oder bei Regen, ohne auszusteigen, in den Fahrgastraum zu gelangen. »Seit wir den Bus haben, ist schon ein Ausflug an den See wie eine kleine Urlaubsreise!« Kann ein Auto ein schöneres Kompliment bekommen?

Die schlanken Sitze mit integrierten Kopfstützen stammen von einem VW-Porsche 914 und wurden passend bezogen.

Paul Detring stellte der originalen Dreier-Sitzbank eine mit zwei Plätzen aus einem T3-Bus gegenüber.

Die abnehmbare Leiter ließ der Bulli-Fan anfertigen, damit der Zugang zum Dachgepäckträger leichter wird.

BUS: T2B, MODELLJAHR 1974

Besitzer: Paul Detring

Mit einem Karmann Ghia kommt man weit – aber nur zu zweit. Wenn dann mal Kind und Hund ins Leben treten, wird es schon schwierig. »Dass ich das Coupé nicht hergeben würde, war klar. Es ist schließlich mein erstes Auto, dass ich mir mit 19 kaufte. Also musste was größeres Luftgekühltes dazu kommen.« Paul Detring wusste auch was: »T1 oder T2 standen auf dem Zettel. Geliebäugelt habe ich mit einem Brasilien-T1, aber davon haben mir die Kenner abgeraten. Wenn ich für dasselbe Geld einen T2b mit Typ-4-Motor bekommen würde, sollte ich da zuschlagen.« Der gelernte Tischer hielt sich genau daran und zog einen 2015 nach Deutschland reimportierten 74er Fensterbus an Land. Der Vorbesitzer hatte sich schon um die komplette Technik gekümmert und für die Zulassung in Deutschland gesorgt. »Das in Kalifornien leicht verwitterte Cylonbeige ist zum Glück nicht aufgefrischt worden, dafür aber unter meiner Ägide die Innen- und Außenausstattung.« Als erstes montierte der 57-Jährige Repro-Fuchs-Felgen mit TÜV-Gutachten, ein Reserverad vorne, einen Dachträger sowie Zusatzscheinwerfer auf der Stoßstange – die wie die hintere mittlerweile einer Retro-Variante im Stil des T2a wich.
Im Heck tat sich auch noch einiges, denn das auf 2,1 Liter Hubraum vergrößerte Triebwerk verfügt jetzt über Wensing-Venturis in den beiden Serienvergasern.
Eine Auffrischung des Interieurs erfolgte mittels Bambus-Himmel, Klapptisch und einer verschraubten mittleren Bank aus einem T3-Bus. Das Cockpit schmücken 914er-Sitze, ein Holzlenkrad und ein EMPI-Schalthebel mit selbstgefertigtem Schaltknauf. »Hang Loose« steht drauf. Ganz passend zum Gruß der kalifornischen VW-Szene.

Kalifornien nannte der 74er T2b-Bus seine Heimat, bis er 2015 nach Deutschland zurückgeholt wurde. Optisch wirkt er aber mit den KC-Abdeckungen auf den Zusatzscheinwerfern, dem Reserverad und der Serienhöhe, als wäre er gerade von dort vom Strand gekommen.

»Hang Loose«, »Volle Pulle« oder »Still Slow« - Pauls Alu-Schaltknäufe sind in der luftgekühlten VW-Szene bekannt.

Spriegel und Plane fehlten zunächst, waren Maximilian aber wichtig zur Komplettierung des ehemaligen Armee-Fahrzeugs.

Dass die Kabine wieder im alten Glanz erstrahlt, ist Maximilians Sattlerfähigkeiten und Bezugsstoffen von TMI zu verdanken.

Merle (auf dem Dach) und Maximilian haben mit der Doppelkabine seit der Restauration an zwei Rallyes (hier bei der Balkan Express 2018) teilgenommen, bereisten 25 Länder und legten mit ihr 32.000 Kilometer zurück. Ein Fahrzeug im wahrsten Wortsinne.

BUS: T2B, MODELLJAHR 1979

Besitzer: Maximilian Möller

Es gibt einfach Chancen im Leben, die darf man nicht verstreichen lassen. Chancen, die ein Leben verändern können. »Genau das habe ich mir auch gedacht, als mir 2014 eine Doppelkabine angeboten wurde«, erzählt Maxi Möller schelmisch grinsend. »Ich musste einfach zuschlagen, zumal meine Freundin Merle gerade im Zuge ihres Medizinstudiums in Kopenhagen war und kein Veto einlegen konnte.« Tatsächlich hatte sich da ein guter Deal aufgetan, der über Mundpropaganda an den jungen Ingenieur herangetragen worden war. »Eine Erbengemeinschaft hatte einen Hof übernommen, in dessen Scheune die grüne Doppelkabine stand. Die wollten den alten VW schnell loswerden, entsprechend niedrig gestaltete sich deren Preisvorstellung.« Wer jetzt glaubt, Maxi wäre an ein Zustand-Zwei-Auto gelangt, der täuscht sich. »Ne, der Bus war schon ziemlich tot. Rost ohne Ende, aber immerhin noch mit dem originalen 1600er Motor.
Drei Jahre lang stand das Nutzfahrzeug dann bei dem 32-Jährgen in der Halle, ohne dass etwas passierte. »Anfänglich wollte ich aus dem Auto ein Spaßmobil mit Faltdach und so machen, doch dann entdeckte ich unter der laienhaft aufgebrachten Farbe taktische Zeichen und das typische Bundeswehrgrün. Da solche Busse quasi nicht mehr existieren, entschied ich mich für eine Restauration zurück in den Originalzustand.« Der Mitgründer der Fritz Fahrkraft GmbH, einer Firma, die sich der Instandsetzung, Wartung und Pflege sowie dem Auf- und Umbau von Motoren aller luftgekühlten Volkswagen widmet, war Maxi natürlich in seinem Element. Vor allem galt es die Doppelkabine jetzt innerhalb eines Jahres fertigzustellen, weil er sich mit dem Transporter zur Balkan-Express-Rallye 2018 angemeldet hatte. Zusammen mit Freunden entkernte er den Bulli, bis auf die Ladefläche kam so ziemlich jedes Blech neu. Die Innenausstattung erneuerte er mithilfe von TMI-Sitzbezügen in Eigenregie und auch den Motor zerlegte und modifizierte Maxi selbst. »Mit ein paar Tricks konnte ich den Hubraum auf 1,9 Liter erhöhen, ohne den Block bearbeiten zu müssen. Jetzt hat er genügend Kraft, um auch vor steilen Anstiegen nicht Halt machen zu müssen.« Buchstäblich in letzter Minute erhielt die Doka eine Vollabnahme und den Segen des TÜVs, dann ging es direkt auf die Rallye. Seitdem sind Maxi und Merle gut 32.000 Kilometer mit dem Bus gefahren. Das Fazit: »Jeder Meter in der Doka fühlt sich einfach nach Sommer und guter Laune an!«

Bis auf die beiden Träger für das Dachzelt befindet sich die 79er Doppelkabine wieder im Bundeswehr-Auslieferungszustand.

Optisch sieht hier alles nach Serie aus, doch der Besitzer vergrößerte den Hubraum des Typ-1-Motors auf 1874 ccm.

Mit Freunden und deren Syncro-T3 auf Berge fahren, wo sonst nur Motorräder oder reine Geländewagen hinkommen, das gehört zur Lieblingsbeschäftigung von Jochen und seiner Frau Anja. Hier wurde am Fort Central übernachtet am Einstieg zur ligurischen Grenzkammstraße.

Bereits seit den 90ern ist Jochen überzeugter Bus-Fan und besitzt mehrere T3 sowie einen T4, alle für unterschiedliche Anforderungen präpariert. Der 1991er Caravelle Syncro ist das Abenteuermobil, mit dem er am liebsten in den Westalpen unterwegs ist.

Mit dem hohen Seikel-Fahrwerk und dem Syncro-Antrieb hält Jochen Dürr und seinen 91er T3 Bus so gut wie nichts auf.

BUS: T3 CARAVELLE, MODELLJAHR 1991

Besitzer: Jochen Dürr

2996 Meter über Normalnull. So hoch liegt der Colle Sommeiller, ein Pass in Italien. Er gilt bei Motorradfahrern als extrem beliebt, weil er der höchste legal anfahrbare Punkt in den Alpen ist. Jochen Dürr war auch schon da. Mit seinem VW Bus. »Viele Zweiradfahrer, aber auch so manche Geländewagen-Piloten, bekommen große Augen, wenn Du da aufschlägst, die Schiebetür aufmachst und Dir dann erstmal einen Kaffee kochst", grinst der Bankkaufmann. Seinen T3 hat er für solche Touren aber auch entsprechend modifiziert. »Syncro, also Allradantrieb und hintere Sperre hatte er schon ab Werk, aber ich kann jetzt bei Bedarf mittels Unterdruck den Vorderradantrieb abschalten und das Seikel-Fahrwerk darf natürlich auch nicht fehlen.« So gerüstet ist er mit Freunden und deren Syncros gerne in den Westalpen unterwegs. »Es gibt nichts Schöneres, als morgens bei Sonnenaufgang vor dem Bus zu sitzen und auf über 2000 Meter Höhe den Tag erwachen zu sehen«, schwärmt Jochen weiter.

Bei dem 50-Jährigen begann die Busleidenschaft schon früh. »Ich hatte zuerst einen 91er Golf 2, mit dem war ich auch oft weg, zelten und Mountainbike fahren. 1994 habe ich ihn verkauft und mir einen sieben Jahre alten T3 geholt, war einfach praktischer. Damals haben das viele meiner Freunde nicht verstanden.«

Zum ersten T3 gesellte sich 2009 dann dieser 9-Sitzer mit finnischer Erstzulassung. Die Sitzbänke wurden gegen eine Magnum-Ausstattung mit zusätzlicher Küchenzeile getauscht, den 1600er TD-Motor im Heck überwacht er mit Zusatzinstrumenten. Ein SCA-Aufstelldach, ein Werk-34-Reserveradträger sowie eine Markise vervollständigen den T3, dem kein Weg zu steil, kein Berg zu hoch ist.

Eigentlich reines Motorrad-Terrain, wagte sich Jochen auch mit seinem T3 nach Fort Jafferau auf 2805 Metern Höhe.

Die Abdeckung auf dem Armaturenbrett schütz vor dem Ausbleichen des Kunststoffs und ist typisch für Autos aus den USA.

Seine leichte Patina trägt der erstmals 1992 im US-Staat Washington zugelassene T3 Vanagon mit Würde.

Wer auf der Suche nach einem guten T3-Bus ist, der kann sich auch in den USA nach etwas Brauchbarem umsehen. So wie Jürgen Egger, der seinen 1990er Vanagon im Jahr 2018 selbst importierte. Erkennbar sind US-Transporter unter anderem an den Sidemarkern.

Pin-up-, Teilehändler- und Treffen-Aufkleber schmücken die hinteren Seitenscheiben von Jürgen Eggers orlyblaumetallicfarbenem Bus.

BUS: T3 VANAGON, MODELLJAHR 1990

Besitzer: Jürgen Egger

Die Antwort auf die Frage, was Jürgen Egger zum VW Bus brachte, ist kurz: »Reisen!« Damals, 1999 lernte er seine Frau Sabine kennen und die beiden entschlossen sich bald dazu, einen T4 anzuschaffen. Der gelernte Elektriker schwärmt: »Das war ein ganz einfacher Kastenwagen, in den wir zunächst nur eine Matratze reingeworfen haben. Dazu einen Gaskocher und ein paar Campingutensilien. Was für eine wild-romantische Zeit!« Heute ist der Bus ein komplett ausgestatteter Camper mit Hubdach, Küche und allem Zipp und Zapp. Bei dem einen Transporter blieb es aber nicht. »Irgendwie hatte ich das Verlangen nach einem Heckmotor-Bus und den T3 kannte ich noch von früher aus der Firma. Als ich 2017 nach etwas Brauchbarem suchte, wurde ich in Deutschland nicht fündig. Olaf Kunze von Bus OK gab mir Tipps zum Importieren und so dehnte ich mein Jagdgebiet auf die USA aus.« Den orlyblaumetallicfarbenen Bus entdeckte er auf TheSamba.com. Der im Staat Washington zugelassene T3 wurde nur nach Bildern gekauft. »Das ist nicht sehr vernünftig, aber ich hatte Glück. Der Bus entsprach tatsächlich der Beschreibung.« In Jürgens Besitz erhielt der 2,1-Liter-Wasserboxer Injector-Rehab-Einspritzdüsen, eine CSP-Python-Abgasanlage, Porsche-996-Bremsen und 7,5x18 Zoll große Oxigin-Leichtmetallfelgen. »Den Vanagon hole ich gerne raus, um zu Treffen zu fahren oder mit meiner Frau den Rhein oder die Mosel entlangzucruisen. Er ist mein Entschleuniger!« Und damit auch keine Langeweile aufkommt, verschiffte der 58-Jährige gleich noch zwei weitere T3 über den großen Teich. »Ich habe einen weißen Bus, der ist mein rollendes Ersatzteillager und einen roten aus Las Vegas, den restauriere ich gerade.«

An allen vier Ecken sind Scheibenbremsen vom Porsche 996 verbaut, auf denen 7,5x18 Zoll große Oxigin-Felgen stecken.

BUS: T3 MAGNUM, MODELLJAHR 1989

Besitzer: Oliver Frese

Kaum jemand, der in den 1980er oder 90ern seinen Führerschein machte, fand Busse cool. Jeder luftgekühlte VW-Fan wollte etwas Sportliches, einen Karmann, Typ 3 oder Käfer. Frisiert natürlich. »Ich hatte auch zuerst einen Käfer, der wurde mir aber leider kaputtgefahren«, erinnert sich Oliver Frese. »Da ich gerade eine Familie gründete, stellte ich den Wagen erst mal weg, Zeit für das Hobby blieb nicht.« Die kam erst nach der Trennung. »2009 habe ich mir den T3 gekauft, einen Magnum. Ich hatte wieder Lust auf die Szene, aber keinen Bock mehr auf Zelten.« Da der Lack nicht wirklich gut war, rollte der Landschaftspfleger den Bulli 2014 anthrazitgrau, den 2,1-Liter-WBX revidierte er ein Jahr später. »Ich nutze den Bus gerne für Treffen hier im Norden oder zum Camping, um runterzukommen.«

Viele Bus-Fans mögen die Sitzposition im T3, vor allem wenn wie hier die sogenannten »Pilotensitze« mit Armlehnen verbaut sind.

Oliver Frese campt gerne mit seinem 89er T3 Magnum, weshalb er ihn innen auch mit allerlei sinnvollen Extras wie Dachschrank und Kühlbox ausstattete. Äußerlich blieb der in RAL 7016 gerollte Bulli recht original, wobei das Hang-Loose-VW-Logo unter dem Grillspoiler auffällt.

Seit 2005 führt der T4 ein beschauliches Dasein in Deutschland, zieht ab und zu Verwandte oder wird zum Campen verwendet.

BUS: T4 CALIFORNIA BEACH, MJ. 1997

Besitzer: Thomas Görlitz

Nein, dieser T4 steht nicht vor einer Pyramiden-Fotowand! Der Wagen verbrachte tatsächlich acht Jahre seines Lebens im Land der Pharaonen. »Meine Eltern haben den Bus 1997 neu gekauft, ich durfte ihn sogar aus dem Showroom nachhause fahren. Dann begaben sich meine Eltern in den Auslandsschuldienst nach Kairo – mit dem California.« Das nutzte Thomas Görlitz für ausgedehnte Semesterferien. »So oft ich konnte flog ich nach Ägypten und schnappte mir den T4 für große Touren durch das Land.«

2005 kehrte der Bus nach Deutschland zurück und darf nun bei Thomas ein geruhsames Leben zwischen lauter luftgekühlten Verwandten führen. Zu besonderen Anlässen wird er aber immer noch herausgeholt und eingesetzt.

Bei den deutschen Lehrern im ägyptischen Auslandsschuldienst gehörte es in den 90ern zum guten Ton, mindestens mit einem VW Bus, möglichst aber mit einem Westfalia zum Dienst anzutreten. Thomas Görlitz' Eltern waren 1997 mit ihrem California Beach ganz gut dabei.

Ausgeliefert wurde der 2002er T4 Multivan in zurückhaltendem Silber, für die Camouflage-Beklebung zeichnet Jochen verantwortlich. Dabei sind nur die grauen und schwarzen Elemente einzeln (!) geklebt, mit dem silberfarbenen Lack als Untergrund.

Die serienmäßige Ausstattung des T4 ließ nicht zu wünschen übrig, große Klimaanlage und Sitzheizung waren schon an Bord.

Nach nur 80.000 Kilometern in knapp über 20 Jahren präsentiert sich der Innenraum quasi im Neuzustand.

BUS: T4 MULTIVAN, MODELLJAHR 2002

Besitzer: Jochen Dürr

Normalerweise stecken die Eltern die Kinder mit dem Bus-Virus an, bei Familie Dürr war das nicht der Fall. »Mein Vater hatte zum Ziehen seines Wohnwagens eigentlich immer irgendeinen Geländewagen. Zum ersten Mal aufmerksam auf VW Busse wurde er 1994, als ich mir einen T3 kaufte. Die Variabilität begeisterte auch ihn und Ende 2001 war es dann endlich so weit, er kaufte sich einen Brandneuen T4 Multivan Generation«, berichtet Jochen. Papa Werner hatte die Kreuzchen an den richtigen Stellen gemacht, heißt, der silberfarbene T4 kam mit großem 151-PS-starkem 2,5-Liter-TDI daher, Wasserstandheizung und großer Klimaanlage. An Jochens 29. Geburtstag holten die beiden den VW in Wolfsburg ab und er durfte, sozusagen als Geburtstagsgeschenk, die Jungfernfahrt nachhause übernehmen. Da Werner den Multivan in den kommenden 20 Jahren tatsächlich nur zum Bewegen des Wohnanhängers nutzte, kamen gerade mal 80.000 Kilometer zusammen.

Schwer erkrankt verkaufte Werner 2021 seinem Sohn den T4, wohlwissend, dass der emotional an dem Bus hängt – schließlich diente er Jochen und seiner Frau Anja als Hochzeitsauto.

Dürr Junior konnte den Fronttriebler natürlich nicht unberührt lassen und gab ihn zu Seikel zum Einbau eines der überlegenen Offroad-Fahrwerke. Die schwarz pulverbeschichteten Serienfelgen versah er mit grobstolligen All -Terrain-Reifen, verbaute einen Paulchen Ersatzradträger sowie einen Dachträger. Eine Fiamma-Markise sowie der Bug-Deflector an der Front vervollständigen mit der Camouflage-Folie den Look des T4. »Als ich die Sachen habe eintragen lassen, fragte der Prüfer direkt, ob ich ihn verkaufen wollte. Natürlich nicht, denn der Multivan gehört einfach zur Familie!«

Obwohl nur mit Frontantrieb versehen, lässt sich Jochens T4 aber nicht von unbefestigten Wegen abschrecken.

Gute 30 mm höher kommt der T4 dank Seikel-Fahrwerk, passend dazu gab es All-Terrain-Reifen in der Größe 215/70-16.

ZWEITE CHANCE

Mit Camping hatte Sven Zimmermann absolut nichts am Hut. Seine Frau Pamela dafür umso mehr. Sie war es dann auch, die ihn davon überzeugte, einen VW Bus zu kaufen. Nach einem gebrauchten Probe-T4 konfigurierten sie sich den perfekten T6.1. Seit dem ist der Bulli aus der Urlaubsplanung nicht mehr wegzudenken.

BUS: T6.1, MODELLJAHR 2022
Besitzer: Sven Zimmermann

Familie Zimmermann suchte lange nach dem für sie richtigen Wohnmobil – und wurde bei Wavecamper fündig.

Selbstverständlich muss im VW Bus entsprechendes Geschirr vorhanden sein, damit der Erdbeerkuchen noch besser schmeckt.

Ob Sommerferien in Europa, Kurztrip in den Odenwald oder die Fahrt zum Fußballplatz mit Noah und seinen Freunden – der VW Bus bietet die Flexibilität, die ein reines Wohnmobil nicht offerieren kann. Genau diese Alltagstauglichkeit macht den Bulli zum idealen Begleiter.

Noah hat seinen Lieblingsplatz unterm Dach. Hoch oben genießt man nicht nur die beste Aussicht, man schläft dort auch besonders gut.

Sven Zimmermann schüttelt den Kopf. »Mit Camping hatten meine Eltern nix am Hut. Zelte kannten meine Schwester und ich nur aus dem Yps-Heft. Da gab es diese einfache Dreiecksplane, durch die man eine dicke Schnur zog, die Ecken am Boden befestigte und fertig, die Seiten offen. Das war meine Erfahrung mit Camping.« Pamela grinst bei der Erzählung ihres Mannes. »Bei uns gehörte das Reisen mit Wohnwagen zum Urlaub einfach dazu. Ich kannte das gar nicht anders. Wir waren oft an der Adria und später dann in den Bergen. Für mich als Kind war das Abenteuer pur, dieses Übernachten in einem rollenden Haus. Ich wünschte mir das auch für unser Sohn Noah.« Nur konnte sich Sven nicht vorstellen mit 100 km/h und Caravan in die Ferien zu fahren. »Wenn überhaupt, dann kam für mich nur ein VW Bus in Frage. Anja, meine Schwester, besaß immer wieder mal einen T2 oder T3 Camper und ich selbst schraube an alten, luftgekühlten Volkswagen. Da lag es natürlich nahe einen Transporter aus Hannoveraner Produktion zu kaufen.«

Camping auf Probe

Von einem Neuwagen sah das Paar zunächst ab. Pamela ergänzt: »Ich wusste ja gar nicht, ob Sven mit dem doch etwas beengten Platzangebot zurechtkommen würde. Außerdem war ein Wohnmobil auch für mich Neuland. Wir wollten erstmal Erfahrung sammeln, vor allem, was den Ausbau und unsere Bedürfnisse angeht.« 2017 begann also die Suche nach einem geeigneten Fahrzeug. Die Wahl fiel schnell auf einen Bus der vierten Generation. »Für einen ›Versuchswagen‹ bot der T4 zu der Zeit das beste Preis-Leistungsverhältnis«, so die Begründung des Familienvaters, »T3 stiegen damals schon stark im Wert und ein T5 war uns zum Ausprobieren zu teuer.«

Fündig wurde Sven dann in den Online-Kleinanzeigen. Bei dem blauen T4 handelte es sich um einen Multivan, Baujahr 1995, der bereits über ein Vorzelt und eine Kühlbox verfügte. Ein 2,5 Liter großer Benziner mit 110 PS trieb die Vorderräder an, eine Hängerkupplung war auch schon verbaut. »Um es uns gemütlicher zu machen, baute ich Noah ein Bett, das man über den Vordersitzen aufbauen konnte. Nach und nach hielten ein Transportkisten-System, ein Bord mit Kontrolllampen für die zweite Batterie, USB-Anschluss und Zigarettenanzünder sowie weitere

Der T6.1 ist die bislang neuste Evolutionsstufe des Transporters, einen Nachfolger bringt Volkswagen 2024 auf den Markt.

Ausstattungsdetails Einzug.« Zwei Jahre ging es damit auf Wochenendtrips und Urlaubsfahrten. »Ich legte den Bus noch höher, versah ihn mit Geländereifen, um auch abgelegenere Fleckchen zu erreichen. Damit einher ging aber auch eine gestiegene Geräuschkulisse. Für unsere Bedürfnisse brachte es eigentlich mehr Nachteile mit sich«, berichtet Sven von seinen Erfahrungen. »Da Noah langsam aus dem provisorischen Bett in der Fahrerkabine herausgewachsen war, überlegten wir ein Aufstelldach nachzurüsten. Allerdings fragten wir uns auch, wie viel wir in den T4 noch investieren wollten und ob ein neuer, auf uns abgestimmter Camper nicht sinnvoller wäre. Wir wussten ja inzwischen genau, was wir benötigten und was nicht.«

Die Familie begab sich zunächst auf die Allradmesse in Bad Kissingen, um sich inspirieren zu lassen. Pamela erinnert sich: »Wir waren für alles offen, schauten nach Aufstelldächern für den T4, aber auch nach T6-Bussen. Bei einem Anbieter blieben wir länger hängen, doch der stellte sich als sehr schwerfällig in Sachen Kommunikation heraus. Ein California von VW kam für uns auch nicht in Frage, der erfüllte einfach in vielen Details nicht unseren Bedürfnissen. Wir entschlossen uns dazu auf der Caravan-Messe in Düsseldorf noch mehr Angebote einzuholen.«

Wunsch-Bus

Vor dem Besuch der Ausstellung konfigurierte Sven einen T6 genau so, wie er ihn haben wollte. Der sollte als Basis und Angebotsgrundlage für den Ausbauer dienen. So gerüstet klapperten die drei einen Hersteller nach dem anderen ab. »Wir hatten uns schon einen Ausbauer ausgesucht, mussten dann aber feststellen, dass die häufig verwendete Reimo-Sitzbank zwar ein prima Bett ergibt, zum Sitzen auf weiten Strecken aber nicht geeignet ist. Die Lehne steht einfach zu steil und lässt sich nicht verstellen«, weiß Pamela zu berichten. »Ich kann jedem nur raten, sich vor dem Kauf eines Campers genau zu überlegen, was man braucht und was nicht. Im Katalog sehen viele Sachen toll aus, aber erst beim Benutzen merkt man dann, was wirklich praktisch ist und was nicht.« Fündig wurde die dreiköpfige Familie schließlich bei der Firma Wavecamper aus Berlin. »Die auf Airlineschienen montierten hinteren Schnierle-Einzelsitze mit integrierten Gurten haben uns sofort mit ihrem Sitzkomfort überzeugt. Außerdem sind sie nicht Teil des Bettes, sondern verschwinden zusammengeklappt darunter«, begeistert sich der Bauingenieur. »Man kann also auch ohne Sitze drin übernachten. Oder die Möbel ganz ausbauen und auf Bestuhlung umrüsten, wenn Noah und seine Freunde zum Fußball gefahren werden. Genau diese Variabilität ist es, weswegen wir einen Bus wollten und kein reines Wohnmobil.« Am Messestand wurden sie von Firmenchef Robert Kretzschmar beraten, der sich gleich die Konfiguration des Basis-Busses vorknöpfte. Sven fährt fort: »Wir bekamen direkt noch Tipps, worauf wir verzichten sollten und was er noch dazu bestellen würde. Die Beratung, aber vor allem die hochwertigen Einbauten und die professionelle Isolation beeinflussten unsere Kaufentscheidung.« Drei Wochen später flatterte das Angebot bei Familie Zimmermann ins Haus. »Wir hatten noch kurz überlegt eine der Sondereditionen zu nehmen, wobei der 4x4-Offroad nicht in Frage gekommen wäre, wobei der Wavecamper GT im GTI-Look mich ja schon gereizt hätte«, gesteht der 51-Jährige

Der bislang längste Trip führte die dreiköpfige Familie über 3500 Kilometer durch Dänemark und Schweden.

»Bulli« durfte der VW zunächst gar nicht heißen, der Name war bereits geschützt. Durchgesetzt hat er sich für den Bus trotzdem.

Wenn Vater und Sohn zum Skate-Platz fahren, braucht niemand auf sein Sportgerät verzichten – der Bus bietet genügend Stauraum.

Erst wenn der Winter vorbei ist, wird die abnehmbare Markise auf der Beifahrerseite wieder montiert.

Home is where your Bus is. Mit dem Bulli kann man den Sonnenuntergang immer aus der ersten Reihe betrachten, wie hier in Lechbruck am See

Ein wirksamer Diebstahlschutz und sicher kein unnötiges Zubehör ist das »Bear-Lock«. Mit diesem Schloss wird die mechanische...

... Blockierung des Schalthebels im eingelegten Rückwärtsgang, beziehungsweise in der Parkposition, ermöglicht.

Nicht immer wird im oder am Bus gekocht, ab und zu darf es auch mal ein Wirtshaus sein, wie hier der »Römische Kaiser« in Schlierbach im Odenwald. »Prinzipiell sind wir aber schon gerne autark unterwegs und versorgen uns selbst«, betont Sven Zimmerman.